Bajo el cielo nocturno

Stuart Clark

Bajo el cielo nocturno

Una historia de la humanidad a través de nuestra relación con las estrellas

KŌAN

Título original: *Beneath the night: How the stars have shaped the history of humankind*

Publicado por acuerdo con Guardian Faber, un sello de Faber & Faber Ltd, Bloomsbury House, y Casanovas & Lynch Literary Agency S.L.

c/ Mar Tirrena, 5, 08912 Badalona
www.koanlibros.com • info@koanlibros.com
ISBN: 978-84-18223-51-8 • Depósito legal: B-3936-2022
Diseño de cubiertas de colección: Claudia Burbano de Lara
Ilustración de la cubierta: Elsa Suárez Girard
Maquetación: Cuqui Puig

Impresión y encuadernación: Romanyà Valls
Impreso en España / *Printed in Spain*

1ª edición, mayo de 2022

Para todo aquel que, bajo el cielo nocturno,
ha querido saber más sobre las estrellas

Índice

1

De la Era Espacial a la Edad de Piedra

Durante la próxima noche despejada, sal fuera y busca un lugar oscuro. Es preciso que esté bien lejos de farolas, árboles y edificios, de manera que puedas disfrutar de la mejor panorámica posible del cielo nocturno. Pero no levantes la vista inmediatamente. Tus ojos tardarán unos treinta o cuarenta minutos en adaptarse totalmente a la oscuridad. Durante ese tiempo, se volverán entre diez mil y un millón de veces más sensibles a la luz. ¡Perfectos para observar las estrellas!

Cuando hayas encontrado el sitio perfecto, una vez pasado el tiempo necesario, mira hacia arriba. Dependiendo de las condiciones atmosféricas y la sensibilidad de tus ojos, podrás ver entre tres mil y cuatro mil estrellas; cada una de ellas, un lejano sol por derecho propio; cada una de ellas, el potencial hogar de una familia de planetas.

En la mayoría de las personas, esta experiencia hace aflorar sentimientos de tranquilidad y reverencia y, a menudo, la sensación de la propia pequeñez. Incluso después de haber pasado toda mi vida estudiando el cielo nocturno, su visión me sigue llenando de asombro y emoción. En estos últimos tiempos, en mi intento por entender las estrellas y asimilar su absoluta enormidad, me he dado cuenta de que no es su número o naturaleza lo que más me fascina. Sí lo es, en cambio, que en comparación con nuestras efímeras vidas, las estrellas son inmortales.

Shakespeare vio las mismas estrellas en las mismas constelaciones que nosotros. También Galileo, Colón, Juana de Arco, Cleopatra y el primer hombre mono que, por curiosidad, miró hacia arriba. Desde la Era Espacial a la Edad de Piedra, estar bajo el cielo nocturno equivale a ser testigo de algo que todo ser humano ha visto. Es nuestra herencia común.

Este libro es una historia sobre nuestra relación con el cielo nocturno. Más que un libro sobre nuestros conocimientos astronómicos, es el relato de cómo nuestra fascinación por el firmamento ha dado forma a la sociedad, a la cultura y a la religión, así como a la ciencia. Más allá de permitirnos comprender el universo a nivel científico, las estrellas han inspirado a nuestros poetas, artistas y filósofos; nos han aportado un territorio en el que proyectar nuestras esperanzas y nuestros miedos; nos han revelado nuestro auténtico origen y nos han dado pistas sobre nuestro destino final.

El mero hecho de que miremos al cielo nocturno en nuestra búsqueda del sentido de la existencia constituye un sello distintivo e imborrable de nuestra humanidad. Como mostrará este libro, explicar la historia de esta fascinación nocturna es explicar la historia de lo que es ser humano.

No existe una teoría concluyente sobre cómo o por qué los humanos empezamos a relacionarnos con el cielo nocturno. Pero la creciente evidencia de diferentes disciplinas sugiere que es cuanto menos plausible creer que nuestra fascinación empezó prácticamente con los primeros humanos modernos reconocibles, hace casi setenta mil años.

El moderno impulso de investigar tan atrás en la prehistoria tiene su origen en el trabajo de un periodista americano, convertido en arqueólogo, llamado Alexander Marshack. Como le sucedió a tanta gente en aquel momento, la fascinación de Marshack por el espacio comenzó el 4 de octubre de 1957, cuando la Unión Soviética consiguió fabricar un cohete con la potencia suficiente para lanzar la primera nave espacial del mundo, el Sputnik 1. Sin embargo, lo que diferencia a Marshack de muchos de sus contemporáneos es que no estaba fascinado únicamente por los logros tecnológicos de la Era Espacial. Su interés era primario: quería saber qué había llevado a los humanos a querer «tocar» el cielo nocturno.

Cinco años más tarde, en el otoño de 1962, el presidente John F. Kennedy pronunció su hoy famoso discurso en el Rice Stadium de Houston, en Texas, en el que se comprometía a que Estados Unidos fuera el primer país en llevar al hombre a la Luna antes de acabar la década. Marshack se propuso escribir un libro parecido al que estás leyendo ahora para intentar explicar cómo —y, más importante aún, *por qué*— la humanidad había llegado a un punto en la historia en el que una misión así podía hacerse realidad. Pero tan pronto como Marshack comenzó su investigación, la encontró «una tarea casi imposible».[1]

Pasó la mayor parte del año 1963 viajando por Estados Unidos y entrevistando a personas vinculadas con el floreciente campo de la exploración espacial. Entre ellas se contaban muchos de los principales expertos de la época, como el asesor científico del presidente Kennedy, Jerome Wiesner, el director gerente de la NASA, James Webb, así como representantes de la Academia Nacional de las Ciencias y de la Fuerza Aérea, y numerosos académicos. Marshack habló también con sus homólogos en la Unión Soviética. Pero nadie pudo darle una respuesta concluyente a la sencilla pregunta de por qué la humanidad estaba explorando el espacio. Era como si la urgente necesidad de hacerlo fuera una compulsión humana primaria.

Y, de hecho, la historia está llena de ejemplos de dicha compulsión. En 1596, el gran matemático y astrónomo alemán Johannes Kepler escribió:

> *No preguntamos con qué útil propósito cantan los pájaros, pues las canciones son su placer, dado que fueron creados para cantar. Del mismo modo, no deberíamos preguntar por qué la mente humana se preocupa por desentrañar los secretos de los cielos... La diversidad de los fenómenos de la naturaleza es tan grande y los tesoros escondidos en el cielo tan ricos, precisamente para que a la mente humana nunca le falte alimento fresco.*[2]

Pero mucho antes aún, hace aproximadamente 2.400 años, el filósofo griego Platón escribía su clásica obra *La República*. En el Libro VII lanzaba la hipótesis de que nuestros ojos se habían creado para el estudio del cielo nocturno pero que, más que dejarnos encandilar por su pura belleza, debíamos ejercitar nuestras mentes para entender el orden tras ese diseño celeste. Una vez más, lo que se infiere de los dichos de Platón es claro. La razón por la que deberíamos estudiar el cielo nocturno es la misma que el explorador británico George Mallory esgrimió cuando le preguntaron por qué quería escalar el Everest: «Porque está ahí». El propio Kennedy usó la cita de Mallory cuando le preguntaron en Houston la razón por la que Estados Unidos tenía que llegar a la Luna.

Para intentar explicar el atractivo emocional del cielo nocturno, Marshack se propuso identificar primero cuándo había comenzado nuestra fascinación por él. Esta búsqueda lo llevó a retrotraerse hasta una época anterior a la civilización y la agricultura, antes de la historia misma, cuando los humanos vivían en comunidades de cazadores-recolectores, decenas de miles de años atrás. En lugar de un libro sobre el espacio, acabó escribiendo uno sobre el origen prehistórico de la ciencia y la cultura humanas, y el papel fundamental que jugó el cielo nocturno en nuestro despertar. Tal y como dijo su mujer, según el obituario dedicado a Marshack en el *New York Times* en 2004, «estaba tan intrigado que dejó la Era Espacial y retrocedió a la Edad de Hielo».

La Edad del Hielo en cuestión atrapó al mundo en el período que abarca desde hace 2,6 millones de años hasta tan solo doce mil años. Durante este tiempo, la mayor parte de Europa del norte estaba sumergida bajo capas de hielo ártico y los glaciares de los Alpes llegaban mucho más allá de sus fronteras modernas. Fue también durante este período cuando surgieron varias especies de humanos diferenciadas de otros grandes simios. Este proceso comenzó en África hace aproximadamente 2,3 millones de años con la aparición del *Homo habilis*. El punto de inflexión de nuestra historia, sin embargo, no se dio hasta pasados otros 130.000 años de la aparición de nuestra especie, momento en el que sucedió algo realmente especial: comenzamos a pensar de manera diferente.

Nadie sabe por qué ocurrió. Pudo haber sido una mutación aleatoria en nuestro ADN que permitió, de repente, que nuestro cerebro percibiera el mundo de forma más abstracta, o un proceso gradual que comenzó mucho antes, con la aparición del *Homo sapiens*.[3]

Fuera cual fuese el detonante, hace más o menos setenta mil años, la llamada revolución humana ya se había completado.[4] Y a pesar de las decenas de miles de años transcurridos desde entonces, se cree que no existen diferencias fundamentales entre los actuales humanos y nuestros ancestros de aquel período. La capacidad de su cerebro era la misma que la nuestra, lo mismo que su habilidad para razonar, su curiosidad y su capacidad para soñar. Lo único de lo que carecían estos humanos primitivos es el conocimiento que ahora hemos acumulado. Pero los restos fósiles muestran que aprendían rápido.

Hace cerca de cuarenta mil años, una población de aproximadamente cinco millones de humanos (comparada con los ocho mil millones de hoy) se había extendido desde África por todo el globo. Los arqueólogos denominan a este período Paleolítico Superior. Va desde hace unos cincuenta mil años hasta hace diez mil. Como cazadores-recolectores, los humanos de esta era obtenían su comida por medio de la recolección de plantas silvestres y cazando animales salvajes con trampas. Los artefactos que dejaron atrás nos permiten comprobar el desarrollo del pensamiento lógico que conduce a la tecnología: lámparas de aceite, barcos, arcos y flechas, agujas de coser. Y hay más que herramientas.

El arte también nació en este período. Las piezas indiscutiblemente más antiguas que dan muestra de un pensamiento creativo datan de aproximadamente cuarenta mil años y se encontraron en la cueva de Hohle Fels (la roca hueca), en Alemania. Incluyen pequeñas figuras como la Venus de Hohle Fels y una «flauta» hecha con el hueso hueco de un buitre. En la cercana cueva de Stade se encontró una figura de marfil de un león, de antigüedad similar. Tallada a partir del colmillo de un mamut lanudo, lo que la hace especial es que el león se yergue sobre sus patas traseras en posición humana. Por tanto, el hombre-león de Stadel sugiere que el artista estaba dotado de una imaginación que le permitía concebir cosas que no existían en la realidad, en este caso, un híbrido león-humano.

Pero lo que cautivó la imaginación de Alexander Marshack fue una pieza de diez centímetros de longitud de hueso de babuino encontrada en las ruinas de Ishango, un antiguo pueblo congolés a orillas del lago Edward. Desenterrada en 1960 por el arqueólogo belga Jean De Heinzelin de Braucourt, tenía aproximadamente veinte mil años y destacaba por haber sido tallada, de una forma poco armoniosa, con multitud de muescas. Aunque a duras penas se las puedan considerar obras de arte, tampoco parecen ser fruto del azar. Están agrupadas en tres partes diferenciadas. La primera contiene subgrupos de 11, 13, 17 y 19 líneas; en la segunda se ven 3, 6, 4, 8, 10, 5, 5 y 7 líneas; y en la tercera, 11, 21, 19 y 9.

Al describir el descubrimiento en *Scientific American*, De Heinzelin explicaba que el primer grupo eran números impares entre el 10 y el 20.[6] El tercer grupo contenía un patrón matemático: 10+1, 20+1, 20-1 y 10-1. Pero el segundo grupo desafió su capacidad para encontrar un orden. A pesar de este fracaso, especulaba que quien lo había tallado quizá estaba jugando a algún tipo de juego aritmético. Marshack refutaba esta interpretación. Para él, las muescas parecían más bien marcas de conteo, pero ¿conteo de qué?

Marshack recordaba un estudio que había leído sobre las sociedades de cazadores-recolectores modernas, como los aborígenes africanos del Kalahari. En ese trabajo, los autores describían que sociedades así poseían ciertos conocimientos para calcular el paso del tiempo basándose en las estrellas y/o la luna.

El cielo nocturno es perfecto para este fin. En primer lugar, los días están relacionados con el sol y la forma en que su movimiento anuncia el día y la noche. El año y sus estaciones están claramente relacionados con las estrellas y la forma en que las constelaciones cambian de posición durante un período de doce meses. El mes, en su expresión más sencilla, se refiere al tiempo que tarda la luna en completar el ciclo de cuatro semanas de sus fases. La fase creciente de luna nueva a luna llena dura aproximadamente catorce días, con luna media al cabo de la primera semana. Lo mismo, al revés, vale para la fase decreciente.

Que las palabras *mes* [*month* en inglés] y *luna* [*moon* en inglés] se parezcan tanto, tampoco es casualidad. Aunque su etimología es compleja, comparten origen en el latín *metiri* (medir). Esto podría indicar que hace más de dos mil años que la luna se consolidó como vara de calcular el paso del tiempo.

Marshack se preguntaba si este uso se remontaba quizá hasta el Paleolítico Superior. Concretamente, si el hueso de Ishango era un recuento de las fases de la luna. En caso afirmativo, lo convertía en el más antiguo calendario conocido del mundo e implicaba que la primera relación de la humanidad con el cielo nocturno de la que hay constancia fue de tipo práctico: lo usaron como reloj.

También significaba que comenzamos nuestra relación con el cielo nocturno casi tan pronto como nos fue posible: durante la gran revolución humana, cuando nuestros ancestros pensaron por primera vez en el mundo que los rodeaba, en el significado de su lugar en él y en cómo vivir.

Marshack se puso a trabajar para poner a prueba sus hipótesis y se le acabó ocurriendo un enrevesado sistema que, efectivamente, parecía correlacionar las marcas de la talla con las fases de la luna. Pero partía de la premisa de que quienquiera que hubiera tallado el hueso había agrupado las observaciones lunares en dos secuencias de sesenta días y una de cuarenta y ocho días, cuando no hay una razón evidente para ello. En consecuencia, si bien la interpretación del hueso de Ishango de Marshack es una idea atractiva, difícilmente se puede considerar concluyente. De hecho, investigadores posteriores han aportado interpretaciones alternativas que van desde lo extraordinario (una «regla de cálculo» de la Edad de Piedra) a lo mundano (un recuento de bienes).

Para obtener más evidencias que respaldaran su teoría, Marshack buscó otros artefactos arqueológicos con muescas similares del Paleolítico Superior y acabó publicando sus descubrimientos en *Las Raíces de la Civilización* (1972). Aunque su trabajo fue controvertido y objeto habitual de crítica por un carácter demasiado especulativo, lo cierto es que ha servido de inspiración para los investigadores que le han sucedido y continúan hoy buscando artefactos y otras marcas como evidencias de posibles interpretaciones astronómicas. Y si bien la dificultad de establecer esto último únicamente a partir de datos arqueológicos es evidente, persiste la sensación generalizada de que las teorías de Marshack tienen cierto mérito y que artefactos arqueológicos encontrados posteriormente han otorgado aún más peso a sus argumentos.

Uno de ellos es la tibia de un elefante hallada en el yacimiento prehistórico de Bilzingsleben, en Turingia (Alemania). Está tallada con un total de veintiuna líneas paralelas en dos grupos. Un grupo contiene siete líneas y el otro catorce, pero el hueso está roto. Los paleontólogos que lo encontraron, Dietrich y Ursula Mania, propusieron que el fragmento que falta podría contener las mismas marcas que el primer grupo, con lo que el número total de marcas sería de veintiocho, lo que inmediatamente nos hace pensar en el mes lunar. En ese caso, el hueso podría señalar los siete días desde la luna llena hasta la luna media decreciente y los últimos siete días que llevan de nuevo a la luna nueva. Aunque se trata de una interpretación muy especulativa, un artefacto así no se diferenciaría de los otros calendarios lunares putativos, si no fuera por el hecho de que es mucho más antiguo. Se calcula que el hueso de elefante data no ya de hace decenas de miles de años, sino de entre 350.000 y 250.000 años de antigüedad.

Asombrosamente, esto lo sitúa antes de la revolución humana, antes incluso de la evolución del *Homo sapiens*, y en la era del *Homo erectus*, una especie humana temprana.

Si bien no es en absoluto concluyente, el hueso de Bilzingsleben y los artefactos arqueológicos estudiados por Marshack ofrecen evidencias ciertamente seductoras en relación con que los pobladores del Paleolítico llevaban un registro del cielo nocturno. Pero aceptar esto conduce a un misterio aún mayor: ¿por qué? ¿Qué llevó a estos primeros humanos a hacerlo?

Las diversas respuestas a esta pregunta que los estudiosos han sugerido durante décadas suelen caer en una de dos categorías: prácticas o religiosas. Según la escuela de pensamiento práctico, el cielo nocturno comenzó a estudiarse porque permitía registrar el paso del tiempo. En el otro extremo del espectro, los teóricos religiosos postulan que el asombro que sentimos cuando miramos al cielo nocturno es una emoción que se transforma en necesidad de venerarlo. Así, estudiamos los diversos movimientos del Sol, la Luna y los otros cuerpos celestes para adorarlos como dioses.

Sin embargo, ninguno de estos planteamientos acaba de funcionar: ambos plantean una falsa dicotomía entre motivaciones prácticas y religiosas que no consigue reflejar la amplia gama del pensamiento humano. Recordemos que aquellos tempranos *Homo sapiens* tenían la misma capacidad cerebral que nosotros. Sus mentes podían sentir todas las emociones y los deseos que fluyen por nosotros hoy.

Así que reformulemos la pregunta. Observar y anotar meticulosamente lo que ocurre en el cielo nocturno durante noches, semanas, meses e incluso años sin fin, conlleva un tremendo esfuerzo. Esto es así hoy y lo hubiera sido aún más en una sociedad todavía cazadora-recolectora, donde el tiempo libre escaseaba. Hacerlo tuvo que comportar, por tanto, algún tipo de gran provecho *social*. Pero ¿cuál?

Para buscar la respuesta podemos fijarnos en las sociedades cazadoras-recolectoras modernas y en el trabajo de los etnógrafos. La etnografía es la observación de la cultura de una sociedad. Dado que nos es imposible retroceder en el tiempo hasta el Paleolítico Superior y observar las tribus de cazadores-recolectores que rondaban por la tierra en aquel entonces, la siguiente mejor opción es observar a aquellos que hoy en día siguen viviendo de la misma manera. Si estas sociedades modernas de cazadores-recolectores utilizan el conocimiento astronómico para obtener algún tipo de beneficio social, esto proporcionaría un argumento convincente de que lo mismo aplicaría para los cazadores-recolectores del Paleolítico Superior.

Se calcula que existen cien tribus aisladas en el mundo, sobre todo en el Amazonas y Nueva Guinea.[8] En su mayoría, logran evitar el contacto con el mundo exterior y a menudo responden a las intrusiones con fuerza hostil. Por ello, los etnógrafos se ven obligados a elegir otras más receptivas a entrar en contacto, pero que siguen resistiéndose a los encantos del mundo moderno. De estas, existen muchas docenas.

A continuación, los etnógrafos dividen a los cazadores-recolectores en dos subgrupos: simples y complejos. Los grupos de cazadores-recolectores simples son aquellos con baja densidad de población. Son completamente igualitarios, sin jerarquía social, y comparten todos los recursos. Sus sistemas de conteo no van más allá de unas pocas decenas.

Los grupos de cazadores-recolectores complejos tienden a aparecer cuando la densidad de población aumenta. En estas sociedades existe una jerarquía emergente, que normalmente tiene que ver con los excedentes de comida: aquellas familias que producen más tienen un mayor estatus que las demás. Por otro lado, en estos grupos, las familias tienden también a poseer pequeños trozos de tierra y a comerciar con comida y objetos de arte primitivos. La importancia de mantener un recuento de las deudas al comerciar o fiar comida y otros objetos es evidente. Esto da como resultado registros y sistemas de contabilidad complejos que llegan hasta los cientos y los miles.

Tal como señala Marshack, casi todos los grupos de cazadores-recolectores existentes hoy en día tienen algún tipo de sistema astronómico que los ayuda en el registro del paso del tiempo, pero hay una fascinante división entre los dos tipos.

Los grupos de cazadores-recolectores simples poseen conocimientos sobre las fases de la luna y acontecimientos solares tales como los solsticios, pero aun así no se toman la molestia de organizar festines, rituales o celebraciones con ese motivo. Esto encaja perfectamente con el hecho de que su vida es básicamente una lucha por la supervivencia y raramente tienen los excedentes de comida necesarios para poder hacer festines de celebración.

La situación es bastante diferente para los cazadores-recolectores complejos. La mayor parte de estas tribus observan de alguna forma los solsticios y mantienen algún tipo de calendario lunar o al menos monitorean las fases de la luna. En términos de solsticios, el de invierno —es decir, el día más corto del año— parece ser el más importante para el grupo en su conjunto. Se usa para señalar el comienzo de un período de celebración y festines, las ceremonias de invierno. El excedente de comida para dichos festines lo aportan las familias más ricas y es una forma de ganar aliados y aumentar su importancia en la tribu.

Quizá lo más importante es que las ceremonias de invierno las preside normalmente un chamán, un anciano u otro individuo que el grupo considera tiene un conocimiento especial del cielo nocturno. Por lo general, esta persona está asociada con la familia dominante de la tribu y es su responsabilidad predecir el próximo solsticio de invierno y otras alineaciones astronómicas. Por este motivo es el responsable de determinar la fecha de los diferentes festines y rituales que marcan el año del grupo.

Para los cazadores-recolectores, estas celebraciones no son meros eventos sociales; tienen una dimensión política distintiva. Igual que nosotros utilizamos nuestras elecciones para elegir a nuestros líderes, las diferentes familias de la tribu compiten por el poder en estas reuniones, demostrando quién tiene más capacidad para compartir y usándolo como una forma de evidenciar su riqueza. Se forjan alianzas, se saldan deudas y se hacen nuevos préstamos. Marcan la agenda y el panorama político para el siguiente año.

El antropólogo canadiense Thomas Forsyth McIlwraith lo experimentó de primera mano. Entre 1922 y 1924 vivió durante largos períodos con el pueblo indígena Nuxalk en el valle de Bella Coola, en la Columbia Británica.[9] Describió detalladamente su ceremonia de invierno y la pasión y entrega con la que los especialistas debatían su fecha exacta, lo que a menudo conducía a amargas discusiones. Calcular las fechas del solsticio requiere conocimientos astronómicos y solo las familias más poderosas pueden mantener a una persona que se dedique a adquirirlos. Por esta razón, que una familia Nuxalk de menor estatus consiga demostrar que el astrónomo de la familia líder se ha equivocado se considera un auténtico golpe de Estado.

Dejando de lado mezquinas polémicas humanas, hoy en día hemos dado con una razón plausible para el desarrollo de una rigurosa observación del reino celeste en el Paleolítico Superior: en la tierra, todo era cuestión de disputar por el estatus. Este argumento fue planteado en 2011 por Brian Hayden y Suzanne Villeneuve, de la Universidad Simon Fraser de British Columbia, en Canadá, en su trabajo de investigación *¿Astronomía en el Paleolítico Superior?* [Astronomy in the Upper Paleolithic?], y ofrece una poderosa (e indiscutiblemente humana) respuesta a la pregunta de *por qué* estudiamos el cielo nocturno.[10]

Para aceptar el razonamiento sociopolítico de nuestro interés astronómico, solo hay que aceptar que las mencionadas ceremonias han sido una faceta de las sociedades cazadoras-recolectoras durante toda la humanidad. Lo respalda también otro aspecto del comportamiento de los cazadores-recolectores modernos, del cual los yacimientos del Paleolítico Superior son reminiscencia directa: el uso de cuevas como lugares astronómicos sagrados.

En septiembre de 1940, un adolescente francés llamado Marcel Ravidat estaba explorando los bosques cercanos al pueblo de Montignac, en la región de Dordoña, al sudoeste de Francia, cuando descubrió la entrada a un conjunto de cuevas prehistóricas que se convertirían en una sensación mundial y mantendrían ocupados a los arqueólogos hasta el día de hoy. Son las cuevas de Lascaux, merecidamente declaradas Patrimonio Mundial de la UNESCO.

Al final del largo orificio de entrada se abren una serie de cámaras recubiertas con llamativos dibujos de animales. Tras estudiarlas concienzudamente, los arqueólogos han deducido que estas pinturas fueron realizadas de manera colectiva durante muchas generaciones hace aproximadamente diecisiete mil años.

Pero no son en absoluto únicas. En todo el mundo se puede encontrar arte rupestre que se remonta a decenas de miles de años antes de la revolución humana. En él predominan generalmente las representaciones de animales, así como siluetas de manos. Para realizar estas últimas, un individuo colocaba la mano en la pared de la cueva y soplaba por encima el pigmento, creando así una especie de silueta en la roca. Curiosamente, en las cuevas es habitual encontrar manos pintadas tanto de adultos como de niños, pero no así objetos que permitan pensar que estuvieran habitadas de manera continua. Por lo tanto, no eran hogares en los que vivían familias, sino lugares que la gente visitaba por alguna razón en particular.

Coincidiendo con el cambio de milenio, la investigadora independiente Chantal Jeguès-Wolkiewiez sugirió que las cuevas de Lascaux no habían sido elegidas de forma arbitraria como localización para el arte que albergan. Demostró que tanto en Lascaux como en otras cuevas similares de Bernifal (Francia), los rayos del sol solo penetran durante el atardecer de un único día del año: el solsticio de verano.[11] Jeguès-Wolkiewiez argumentó que quizá era entonces cuando se visitaba la cueva para celebrar una ceremonia especial o sagrada. Los estudios etnográficos de los cazadores-recolectores modernos avalan esta interpretación.

Los expertos en el calendario de los modernos Chumash de California del sur han formado una sociedad de élite conocida como *'antap*. Sus miembros conservan sus conocimientos astronómicos y los protegen del folclore común. Transmiten su sabiduría secreta de forma ritual a los jóvenes iniciados elegidos especialmente durante elaboradas ceremonias en cuevas especiales decoradas con arte rupestre. En dichas cuevas el sol penetra solo en el solsticio de verano. Y los Chumash no son los únicos en realizar este tipo de ceremonias.

En una cueva de Wyoming, los nativos americanos Crow han pintado la imagen de un bisonte en una pared que se ilumina solo durante el solsticio de invierno, cuando este pueblo comienza a orar para que la temporada de caza del bisonte sea un éxito. De hecho, parece que la existencia de algún tipo de élite o incluso sociedad secreta vinculada con el conocimiento astronómico o del calendario es un rasgo común a la mayoría de las sociedades de cazadores-recolectores más complejas.

Para ser miembro de estas sociedades secretas es necesario ser poderoso y estar bien conectado. También tener el suficiente dinero para pagar el ingreso. Así, poco a poco, la sociedad gana riqueza y poder en la comunidad. Entonces, en un momento determinado, sucede algo realmente fascinante. La sociedad empieza a envolver lo que hace en mitos, engrandeciendo su papel, lo que hace que cobre mayor importancia en la comunidad que comenzó apoyando. Y, conforme dichos mitos crecen, las funciones se invierten y es la comunidad la que acaba trabajando para mantener a su élite. Cuando presentaron esta idea, Hayden y Villeneuve bautizaron a los individuos de esta élite como «los engrandecedores». En palabras de los autores: «Son personas que buscan sistemáticamente promover sus propios intereses por encima de los de otros miembros de la comunidad, utilizando de forma habitual diferentes subterfugios o estrategias para alcanzar dichos fines».[12]

Y todo comienza cuando a una comunidad cazadora-recolectora le va lo suficientemente bien como para empezar a producir excedentes. Esto les permite dedicar esfuerzos a otras cosas más allá de la mera supervivencia, y algunos individuos lo perciben como una oportunidad para el progreso propio.

Aunque a primera vista pueda parecer una explicación cínica de nuestras observaciones históricas del cielo nocturno, también describe el punto de inflexión de nuestra relación con él. Es decir, el momento en el que por primera vez proyectamos nuestro encantamiento sobre las estrellas.

Al otorgar propiedades místicas especiales al cielo nocturno, los primeros humanos lo marcaron como un reino diferente al de la Tierra, preparando así el terreno para la mitologización definitiva del cielo nocturno que estaba por llegar: la religión.

2

La invención del cielo

Encontramos lugares de culto en todo el mundo: mezquitas, iglesias, sinagogas, templos. A menudo forman el núcleo de una comunidad, tanto social como geográficamente hablando. Son lugares donde las personas se reúnen para celebrar una serie de creencias compartidas que dan sentido al mundo que las rodea y a sus vidas dentro de él.

Las creencias religiosas siempre están ancladas en algún tipo de «reino oculto», algo que no podemos ver directamente, pero que nos permite creer que un orden subyacente impregna los acontecimientos con frecuencia aleatorios que vivimos. De esta forma, la religión refuerza el vínculo entre los diferentes miembros de la comunidad, proporcionando un conjunto de valores comunes y un marco subyacente que aporta orden a sus vidas.

Hoy se practican en el mundo más de cuatro mil religiones. Muchas de ellas son intrincadas construcciones de fe que requieren la interpretación de un experto, pero las primeras religiones eran mucho más sencillas. Igual que los animales y las plantas, las religiones han evolucionado hasta convertirse en formas complejas o se han extinguido. El filósofo americano Daniel Dennett calcula que en la tierra se han llegado a practicar cientos de miles de religiones.

Actualmente las religiones más simples se dan en los grupos de cazadores-recolectores que todavía sobreviven. Consisten en una forma de respeto hacia y adoración por el mundo natural que los antropólogos y filósofos del siglo XIX llamaron *animismo*. El término procede del latín *anima* —que significa aliento, alma, espíritu o vida— y, aunque su popularidad ha sufrido altibajos, aborda cómo los pueblos indígenas se relacionan con la naturaleza.

El animismo gira en torno a la creencia de que los «espíritus» están presentes en todo lo que existe, desde los humanos y los animales hasta las plantas y objetos inanimados como las rocas. Cuando se tala un árbol para obtener material para la construcción o se mata un animal para conseguir alimento, estos espíritus o «almas» se pierden. Por ello, los animistas creen en la necesidad de ser compasivo y respetuoso para con todos los objetos de la naturaleza.

Se cree que el animismo dominó el pensamiento de nuestros ancestros. Derivó de las preguntas que se hicieron sobre qué significaba realmente estar vivo. ¿Cuál es la diferencia entre un humano, un animal, una planta y una roca? ¿Cómo deberíamos relacionarnos con esos otros objetos naturales?

La conclusión, según el animismo, es que toda la naturaleza está conectada por medio de «espíritus». Las almas individuales de las más pequeñas gotas de agua y de las más lejanas estrellas están interconectadas y conforman un único ente universal. Perturbaciones o sucesos en un lugar se propagan a las demás partes y, para «demostrar» esta teoría, recurrieron al cielo.

Sabemos que cada veinticuatro horas la tierra completa una rotación alrededor de su eje, lo que da lugar al día y la noche. También sabemos que cada año nuestro planeta completa su órbita alrededor del Sol. Dado que el eje de rotación de la tierra no está completamente recto, sino que tiene una inclinación de 23,5°, tienen lugar las estaciones. Pero nuestros ancestros pensaban que la tierra era el centro inmóvil del universo y que todos los objetos del cielo giraban a nuestro alrededor. Desde esta perspectiva, todo lo que veían eran constelaciones de estrellas y planetas en movimiento y cambios simultáneos en la tierra. Y las evidencias arqueológicas demuestran que se propusieron estudiarlo.

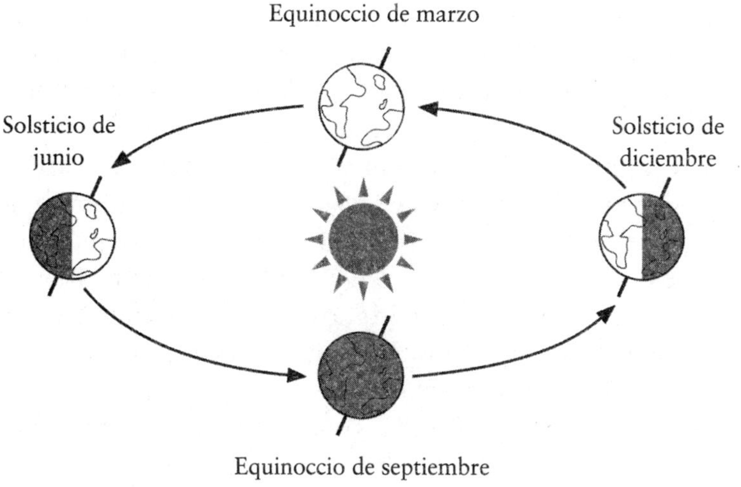

Las estaciones son el resultado de la posición de la Tierra en su órbita, que determina la dirección del eje de rotación de la Tierra en relación con el Sol.

En algún momento entre 9000 y 7300 a. C., un grupo nómada de humanos se topó con un lago en lo que es ahora el desierto de Nubia, en el Sahara oriental. Llamado entonces Nabta Playa, su clima era muy diferente del actual. El lago se formaba temporalmente cada año después de las lluvias estivales y la vida fértil brotaba en la planicie circundante. A juzgar por los restos arqueológicos encontrados, los humanos que recorrían la zona pastoreaban ganado, lo que los convertía en pastores más que en cazadores-recolectores. Salta a la vista el atractivo de Nabta Playa como lugar para descansar y dejar pastar al ganado. Puede que el lago estacional llegara a convertirse incluso en un lugar de reunión anual para varias tribus y grupos.

Los artefactos arqueológicos dejan claro que los primeros que encontraron Nabta Playa no fueron los últimos. Con el paso de los siglos y los milenios, llegaron cada vez más grupos nómadas y, hacia el 7000 a. C., un creciente número de ellos se había asentado en la zona.[13]

Profundos pozos rodeados de poblados que consistían en pequeñas cabañas construidas en línea recta indican que las personas vivían allí todo el año. Los restos orgánicos en el suelo muestran que los pobladores comían una variedad de plantas silvestres como granos, legumbres, tubérculos y frutas. Algunos siglos después, las cabras y las ovejas aparecen en los registros arqueológicos. Queda claro que el lugar estaba organizado y la comunidad seguía unas reglas, pues, de otro modo, nunca hubiera podido crecer. En pocas palabras, la civilización estaba comenzando. Y entonces sucedió algo catastrófico.

Hace aproximadamente 7.500 años, esta zona de la tierra fue castigada por duras sequías, el lago mermó y el desierto comenzó a invadir la región, que acabó siendo abandonada. Cuando las lluvias volvieron, mil años después, también lo hicieron los humanos. Pero eran marcadamente diferentes de sus predecesores. Practicaban complicados rituales, como sacrificios de vacas, que enterraban en cámaras revestidas con arcilla que marcaban con montículos de piedras. Esto es importante, porque la matanza de un animal susceptible de proporcionar alimento al grupo es algo que, obviamente, no se hace a la ligera. Incluso hoy en día los pastores africanos adoran a su ganado. Dado que es una fuente de leche, solo sacrifican reses con motivo de grandes momentos de cambio en la vida o la comunidad. A esta práctica se le ha dado el nombre de «El Ganado Complejo Africano». Es por esto por lo que, volviendo a Nabta Playa, el sacrificio animal tuvo que haber proporcionado algo que juzgaban más importante que la supervivencia diaria. Era, en otras palabras, un acto religioso.

Paralelamente a los sacrificios, los pobladores levantaron grandes piedras megalíticas colocadas en cinco líneas alrededor de un punto central, como los radios de una rueda. También construyeron un círculo de cuatro metros de diámetro formado por casi cuarenta piedras. Algunas eran planas y estaban prácticamente enterradas, otras permanecían erectas como dientes torcidos que sobresalían del desierto.

El yacimiento de Nabta Playa fue descubierto por casualidad por el antropólogo estadounidense Fred Wendorf en 1974. Se cuenta que, durante una dura travesía por el desierto, Wendorf y sus colegas se pararon al azar para evacuar. Mientras lo hacían, vieron trozos de vasijas y otros artefactos esparcidos por la arena.

A lo largo de la siguiente década, el grupo volvió una y otra vez para realizar excavaciones en el yacimiento y poder recrear un panorama de la vida en Nabta Playa. Fue clave, en ese sentido, su interpretación del área como un centro ceremonial regional. Los huesos del ganado sacrificado constituyeron uno de los pilares de su planteamiento, igual que el descubrimiento del círculo de piedras, al que Wendorf se refirió como un calendario circular. Muchos de los bloques estaban rotos o se habían caído, por lo que solo pudo imaginar su aspecto original, pero aun así confiaba lo suficiente en su reconstrucción como para asegurar que las piedras formaban una serie de alineaciones astronómicas.

Identificó cuatro pares de las más grandes piedras del círculo y llamó puerta al angosto hueco entre cada par. Demostró que la línea que atravesaba dos de estas puertas señalaba «generalmente norte-sur» y que las puertas de los otros dos pares apuntaban a unos 70 grados al este del norte, punto estimado de salida del sol el día de San Juan de hace seis mil años.[14] Esto, junto con el descubrimiento de los sacrificios de ganado en los alrededores apunta a un ancestral vínculo entre las prácticas religiosas y la observación de las estrellas.

El círculo de piedras de Nabta Playa es uno de los más antiguos del mundo y, durante varios milenios más, la necesidad de construir lugares como este se extendió a una velocidad increíble. Todavía hoy se conservan muchos miles de estos círculos, también conocidos como crómlech. Están hechos de tierra, madera y piedra, difieren considerablemente en tamaño y sin duda fueron construidos por diferentes motivos. Pero aquellos que habitualmente más captan nuestra atención son los que, como Nabta Playa, parecen reflejar objetos o sucesos celestes. De estos, el más famoso es el de Stonehenge, en Reino Unido.[15]

Situado en el condado de Wiltshire, Stonehenge es, se mire como se mire, un lugar extraordinario. Con cerca de un millón de visitantes cada año, se ha convertido en un icono de la cultura de la Edad de Piedra. El monumento de piedra visible hoy en día data de alrededor de 2500 a. C., pero el lugar en sí tiene una historia mucho más antigua, que se remonta hasta cerca del 8000 a. C., que es también aproximadamente el momento en el que los nubios descubrieron el lago de Nabta Playa. Los restos arqueológicos nos dicen que Blick Mead, una fuente a poco más de un kilómetro y medio del lugar, estaba habitado por una comunidad. Fueron seguramente sus habitantes los responsables de la construcción del primer monumento, que consistió en el alineamiento de tres grandes postes de madera, cada uno de los cuales mide casi 0,75 metros de diámetro. Los colocaron cerca de donde se sitúa hoy el famoso círculo de piedras, en dirección este-oeste. Dado que las estrellas siguen un ciclo nocturno en el que salen por el este y se ponen por el oeste, parece muy probable que estas personas atribuyeran un significado al cielo.

Alrededor de 4000 a. C., los pobladores de esta zona comenzaron a construir zanjas circulares concéntricas conocidas como *henge*. En estas zanjas se encontraron vasijas y restos humanos, lo cual sugiere que eran cementerios. En las cercanías se han localizado también otros tipos de montículos funerarios comunales, llamados túmulos largos, que datan de ese mismo período.

Aproximadamente mil años después comenzó el primer trabajo en el yacimiento central. Consistió en un banco y una zanja circulares, dentro de los cuales se excavaron cincuenta y seis agujeros de piedra caliza de un metro de ancho siguiendo un patrón circular similar. En estos agujeros se encontraron los restos incinerados de 63 individuos y hay pruebas de que se usaron piedras verticales como lápidas. Aquellas continúan en el yacimiento, pero ya no marcan las tumbas. Se conocen como piedras azules y son una forma de roca distintiva que se transportó desde Preseli Hills en Gales del Norte, a 241 kilómetros de distancia, para ser utilizadas en Stonehenge.

Al colocarlas, se formó el círculo y este fue el primer monumento de piedra del lugar. Es probable que en el centro del círculo hubiera también postes de madera, aunque los restos arqueológicos no permiten determinar su naturaleza exacta.

Después, hacia 2500 a.C., el Stonehenge que conocemos hoy comenzó a tomar forma. En ese momento llegaron los enormes bloques de arenisca que forman el icónico círculo de piedra. Es posible que fueran extraídos aprovechando las rocas que la meteorología había dejado expuestas en las pendientes calizas que rodean el yacimiento, o deliberadamente de los Marlborough Downs, unos cuarenta kilómetros más al norte. De lo que no cabe duda es de la dificultad de transportar y levantar semejantes megalitos gigantes. Cada uno pesa cerca de veinticinco toneladas, mide 2,1 metros de ancho y 4,1 metros de alto, sobrepasando con creces a un ser humano.

Hoy en día quedan en pie aproximadamente treinta de aquellos bloques de arenisca. La mayor parte de ellos forma un círculo incompleto de cerca de 33 metros de diámetro. Esto es ya de por sí impactante, pero lo más impresionante son los dinteles que se recuestan sobre ellos. Actualmente, seis dinteles permanecen en esta posición en el círculo exterior.

Existe una herradura interior de cinco trilitos, nombre que recibe cada par de piedras verticales y el dintel que soportan. Tres de estos siguen en pie, aunque uno fue recolocado en el siglo XVIII al caer el dintel. Otro de los trilitos desplomados descansa ahora sobre el «altar de piedra» central.

Entre las piedras gigantes de arenisca se encuentran las piedras azules del círculo original. Aunque la mayoría han caído o están dañadas, se han movido para reflejar el nuevo diseño, formando un círculo concéntrico entre los bloques de arenisca y los trilitos y una herradura interior entre los trilitos y la piedra del altar.

Alrededor del círculo hay otros cinco bloques de arenisca. Cuatro señalan las esquinas del rectángulo en el que se circunscriben los círculos de piedra, y se llaman piedras de estación. La quinta es la Piedra Talón, que se encuentra al noreste del círculo, la dirección en la cual se abre la herradura de trilitos. La Piedra Talón es el principal punto de atracción de Stonehenge porque, si uno se sitúa dentro del círculo durante el amanecer del día de San Juan, el sol sale al lado —pero no por encima— de la Piedra del Talón. Una explicación para este fallo de alineación podría ser que en su día esta piedra estuviera acompañada por otra y que el sol de medio verano se levantara por el hueco —la puerta— entre las dos.

La noche de San Juan es el día más largo del año. En el hemisferio norte ocurre hacia el 21 de junio y se conoce también como el solsticio de verano. La duración de los días varía a lo largo del año dependiendo de cómo se combina la posición de la Tierra en su órbita con la inclinación de su eje. Pero este siempre apunta en la misma dirección, independientemente de dónde se encuentre la Tierra en su órbita. Durante los meses de verano en el hemisferio norte, el eje norte está inclinado hacia el Sol y los días se vuelven más largos conforme el sol se eleva en el cielo. Seis meses después, cuando la Tierra está en el lado opuesto de su órbita, el eje norte apunta en la dirección contraria al Sol. Es el invierno en el norte, el sol nunca sube demasiado y los días son más cortos.

Conforme cambian las estaciones, también lo hacen los puntos por donde sale y se pone el sol en el horizonte. En verano, el Sol sale por el noreste y se pone por el noroeste, lo que le permite hacer un recorrido más largo y alto por el cielo. En invierno,

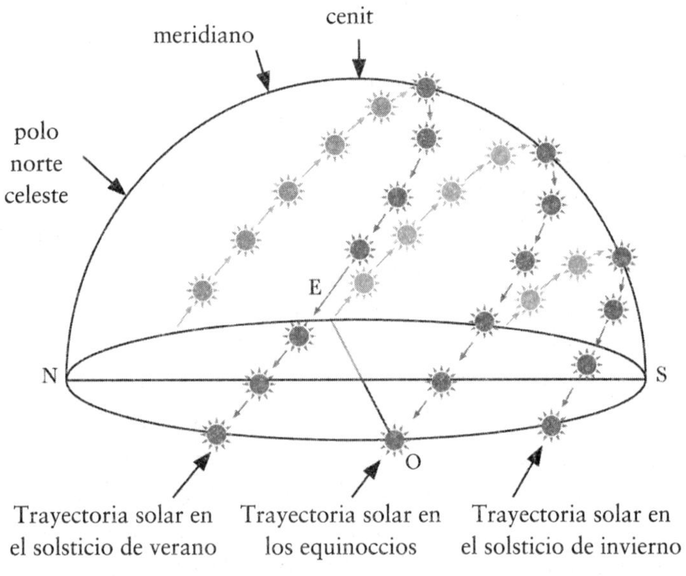

Durante los meses de verano, el Sol sigue un camino más largo y alto a través del cielo que en los meses de invierno.

estos puntos se mueven hacia el sureste y el sudoeste respectivamente, y el astro nunca se eleva tanto.

La palabra *solsticio* proviene del latín y significa el punto en el cual el Sol se queda quieto en el cielo. Es el día en el que el Sol alcanza su punto más alto en el cielo dando lugar a la jornada más larga. Después, comenzará a bajar y seis meses después tendrá lugar el día más corto del año. En el norte, este momento mediado el invierno —el solsticio de invierno— tiene lugar alrededor del 21 de diciembre. El Sol alcanza su menor altitud de mediodía y, a partir de ese momento, vuelve a subir poco a poco cada jornada.

La primera persona que atrajo la atención de la sociedad «moderna» hacia la convergencia de Stonehenge con el solsticio de verano fue el anticuario inglés William Stukeley en 1720. Su trabajo se desarrolló en los albores de la revolución científica (fue uno de los primeros biógrafos de Isaac Newton) y su idea de que el enorme monumento no era solo un lugar ceremonial, sino un observatorio astronómico consiguió despertar interés. La culminación de este tipo de interpretación de Stonehenge llegó en 1960, cuando el astrónomo británico Gerald Hawkins utilizó un ordenador recién inventado, el IBM Mainframe, para comprobar si desde el resto de las líneas visuales de Stonehenge se daban otras alineaciones celestes. Programó la máquina con un modelo de Stonehenge y los movimientos del sol y la luna a lo largo del año. El programa informático dio como resultado docenas de correlaciones. Al contemplarlas, Hawkins sintió que los sesenta y cinco agujeros originales en la caliza pudieron haber sido utilizados para predecir los eclipses lunares moviendo los marcadores de un agujero a otro. Sus descubrimientos fueron publicados por primera vez en la prestigiosa revista *Nature*, en 1963,[16] y después, de manera más profusa, en un libro llamado *Stonehenge Decoded*, en 1965.[17] Inspirado, casi con total seguridad, por el hecho de haber usado un ordenador para encontrar estas alineaciones, propuso que el propio Stonehenge se podía considerar un ordenador astronómico neolítico. Su conclusión fue respaldada por otros astrónomos, incluyendo el conocido polemista Sir Fred Hoyle.

Pero las críticas de los arqueólogos fueron duras e inmediatas. Argumentaron que el número de líneas visuales analizadas por Hawkins era tan grande que las alineaciones forzosamente se darían por casualidad. A lo largo de los siglos, tanto reputados académicos como aficionados entusiastas han propuesto todo tipo de interpretaciones de Stonehenge. En la Edad Media, se pensaba que el legendario mago Merlín lo usaba con fines mágicos y que un gigante lo había construido. Propuestas más actuales sostienen que las piedras se erigieron para crear un «laboratorio» sónico, que recrean la forma de los genitales femeninos —como símbolo de fertilidad— y, como cabía esperar, quizá, que son una pista de aterrizaje para ovnis. En 1967, en el punto álgido del debate sobre si Stonehenge era un antiguo observatorio astronómico, la arqueóloga británica Jacquetta Hawkes se hartó. «Cada era tiene el Stonehenge que se merece, o que desea», escribió con desdén.[18]

Hoy en día, y para evitar que los deseos propios o las formas modernas de pensamiento permeen sus interpretaciones, cuando se carece de evidencias escritas, los arqueólogos observan el paisaje y las estructuras circundantes en busca de evidencias que apoyen sus hipótesis. Y, en el caso de Stonehenge, esto ha aportado información fascinante.

La zona circundante se conoce como Patrimonio de la Humanidad de Stonehenge. Cubre 26,6 kilómetros cuadrados y contiene más de setecientos yacimientos y monumentos arqueológicos, de los cuales más de la mitad son túmulos funerarios. Por lo tanto, queda claro que el lugar es una importante área funeraria. Aun así, tampoco cabe duda de que Stonehenge fue deliberadamente alineado con los solsticios.

En 2013, el profesor Mike Parker Pearson del Proyecto Stonehenge Riverside anunció los resultados de una excavación en la llamada Avenida de Stonehenge. Este accidente geográfico está formado por un par de taludes y fosos paralelos a unos doce metros de distancia. Recorren 1,5 kilómetros y llegan más allá de la Piedra del Talón, en dirección al amanecer del día de San Juan. Parker Pearson descubrió que bajo la avenida había surcos naturales generados por el agua del deshielo al final de la última Edad de Hielo, hacia 9700 a. C. Estas erosiones hídricas estaban casualmente alineadas con el amanecer del día de San Juan: esta podría ser la razón por la que los humanos prehistóricos desarrollaron Stonehenge como un lugar sagrado.

Cualquiera que fuera la razón para su ubicación, no parece arriesgado afirmar que este extraordinario lugar fue un punto de ritual o adoración de los muertos, lo cual incluía de alguna manera objetos celestes. Como Nabta Playa, parece religioso. Pero, sin registros escritos, siempre habrá lugar para la incertidumbre.

Para encontrar los primeros escritos, hay que mirar hacia el este. Las primeras ciudades surgieron en el llamado Creciente fértil, en algún momento entre 5500 y 4000 a. C. Esta franja de tierra con forma curva comienza en el Golfo Pérsico y discurre a lo largo de los ríos Tigris y Éufrates hasta el Mediterráneo. Después, continúa por la costa hacia el oeste, a lo largo del Levante, llega a África y desde ahí, sigue el Nilo.

Estos valles fluviales eran fértiles porque las inundaciones anuales dejaban suelos ricos en nutrientes en los que las cosechas crecían de forma natural. Cuando se empezaron a ocupar de estos fecundos recursos, los pueblos se asentaron de forma permanente. A medida que mejoraron en el cuidado de sus cosechas, favoreciendo así su crecimiento, dieron lugar al desarrollo de la agricultura, lo que les aportó cierto control sobre la tierra. El carácter permanente de sus asentamientos les permitió desarrollar complicadas estructuras sociales que ahora identificamos como las primeras manifestaciones de la civilización urbana.

Había varios lugares dentro del Creciente fértil que se desarrollaron de manera independiente unos de otros. De estos, Sumeria fue uno de los más importantes. Los sumerios, que vivían en Mesopotamia (sur del actual Irak), entre el Éufrates y el Tigris, fueron los primeros en desarrollar la escritura. En los símbolos triangulares de su escritura cuneiforme encontramos los primeros textos religiosos, que están inextricablemente vinculados con el cielo nocturno.

El Himno del Templo de Kesh fue escrito en tablillas de arcilla por escribanos sumerios ya en 2600 a.C. Las traducciones modernas son el resultado de la unión de fragmentos de diferentes tablillas de otros yacimientos sumerios, ya que no ha sobrevivido ninguna tablilla completa con las 134 líneas del himno. Se ha establecido que la antigüedad de las diversas tablillas difiere en hasta ocho siglos. La sorprendente coherencia de los fragmentos coincidentes del texto demuestra que fue una obra importante que se copió casi palabra por palabra durante prácticamente todo un milenio.

Al comienzo, el himno prodiga alabanzas a la ciudad de Kesh y su templo, de gran altura. Lo compara con la luna en el cielo: una luz brillante sobre fondo oscuro. Insinúa que el templo es una conexión terrenal que llega hasta el cielo y desciende hasta el inframundo, y afirma que durante la creación del mundo Enlil, la principal deidad de la religión sumeria, dispuso que fuera divino. Seguidamente, hace alarde del ganado propiedad del templo —un símbolo de gran riqueza— y finaliza añadiendo más historia de trasfondo sobre la creación del mundo y lo magnífico que es el templo. En la línea 125 llega a preguntar: «¿Conseguirá alguien hacer algo tan magnífico como Kesh?»

La historia, reproducida sin ser cuestionada a través de infinidad de copias, homenajeaba a Kesh y lo consideraba un lugar especial para los elegidos. El templo en sí se identificaba como el mejor lugar desde donde contemplar el cielo nocturno y su significado. Es aquí donde podemos detectar el tipo de autoengrandecimiento que caracterizaba a las sociedades secretas de los cazadores-recolectores en general: se afirma que la ciudad en sí es un lugar elegido por su conexión con el cielo, es decir, el cielo nocturno.[20] Y funcionó. La ciudad creció en estatus y atrajo habitantes de lugares lejanos. Las personas que administraban el templo se hicieron ricas y poderosas porque su institución poseía enormes extensiones de terreno donde crecían cultivos. También concedía préstamos, empleaba a los ciudadanos y se erigía como una especie de cámara de compensación para transacciones mercantiles.

De manera significativa, un mito de la creación asociado con el cielo nocturno está completamente entretejido con la flagrante autopromoción del himno. Se señala claramente al universo circundante como un reino divino, vinculado con la tierra, pero completamente diferente. Al crear nuestro mundo, Enlil lo separó del cielo. De este modo, hizo que la tierra fuera habitable para los humanos y la declaró como suya propia. La diosa An tomó posesión del cielo, pero Enlil fue la única conexión o «anclaje» que quedó entre los dos reinos, porque él es el aire, del cual están hechas las estrellas y los planetas entre el cielo y la tierra.

Queda claro que las religiones del tercer milenio a.C. estaban sumamente bien desarrolladas. Llenas de complejidad y sutilezas, estaban muy extendidas, lo que indica que no eran invenciones nuevas. Este tipo de creencias eran entidades en evolución que los registros escritos captaron en cada momento. Lo sabemos porque en los siglos y milenios posteriores, imperios como Asiria, Acadia y Babilonia se levantaron y cayeron en dicha región. Cada uno de ellos adaptó la religión del otro. En Babilonia, por ejemplo, los poderes de Enlil se asociaron con el dios Marduk.

Aun así, estos cambios eran sobre todo estéticos y la base de la creencia mesopotámica permaneció inalterada: los dioses transformaron el caos en orden al crear el mundo y todo lo que hay en él, incluidos nosotros, y se encarnaron después en la naturaleza. Y esto es clave porque significa que detrás del viento o un eclipse existe una voluntad divina.

Desde este punto de vista, la religión Sumeria —y las de otras culturas mesopotámicas que la sucedieron— son las primeras tentativas de lo que podríamos llamar «ciencia». Hoy en día retratamos a la ciencia y la religión como diametralmente opuestas, sin embargo, aquí, en Sumeria, la religión surgió del deseo de entender por qué pasaban las cosas en el mundo natural. Era un proceso de pensamiento racional que descansaba en el supuesto de que el universo había sido creado por seres sobrenaturales. Y, al estudiar ese universo, uno podía adquirir conocimientos sobre los dioses.

Como sugerían las estrellas y las estaciones, el Cielo y la Tierra eran «reinos-espejo», uno habitado por dioses y el otro, por humanos, similares, pero distintos. Y ambos estaban separados por un golfo que los humanos no podían franquear. Pero en torno a esta época, en la floreciente civilización del Antiguo Egipto, las ideas comenzaron a cambiar.

Hacia 3100 a. C., la civilización del Antiguo Egipto echó raíces firmes en el Valle del Nilo. Sus primeros escritos datan de esa época e incluyen textos religiosos que también vinculan el cielo nocturno con la casa de los dioses. La primera descripción del cielo nocturno es bajo la forma de un enorme halcón con sus alas extendidas a todo lo ancho. Los ojos del pájaro eran el Sol y la Luna, las manchas blancas en su pecho y estómago eran las estrellas y sus alas producían los vientos de la tierra. La representación de Horus, una de las deidades egipcias asociadas al cielo, era con frecuencia un hombre con cabeza de halcón.

Los egipcios también concibieron razones para algunos acontecimientos celestes como el día y la noche. Se decía que Ra, el dios solar, viajaba durante el día por el cielo con una barcaza celestial. Después, por la noche, se transfería a una segunda barcaza y se movía sin ser visto por el inframundo, regresando al otro lado del cielo a la mañana siguiente, a tiempo para otro viaje en su barcaza celestial.

Era tal la abundancia de historias religiosas asociadas con el cielo nocturno de los egipcios que muchas veces se contradecían entre sí. Una de las deidades más importantes del Antiguo Egipto, por ejemplo, era Nut. Como diosa del cielo nocturno, a veces se la representaba por medio de una vaca sagrada y otras por medio de una mujer desnuda. En ambas encarnaciones, se estira a lo ancho del cielo con su cabeza al oeste. Las estrellas ya no son las manchas blancas en un pájaro, sino que aparecen sobre el vientre de Nut, y la barcaza de Ra atraviesa su torso durante el día. Según esta interpretación, Nut se traga a Ra durante la puesta de sol. Después, por la noche, Ra viaja de vuelta por el cuerpo de Nut, que lo da a luz en el este al amanecer.

Si bien todo esto es básicamente una nueva forma de presentar las ideas sumerias, los egipcios hacen un cambio significativo que resuena a lo largo de los siglos y hasta el día de hoy. Es la creencia de que el cielo nocturno es el lugar de descanso final para las almas muertas de los faraones.

En Sumeria se creía que el cielo nocturno era el reino exclusivo de los dioses, y la tierra, la morada de los humanos. Incluso el rey era un simple mortal. Sin embargo, según el pensamiento egipcio, los faraones eran encarnaciones humanas de los dioses y, por tanto, podían ascender al reino estrellado después de la muerte. Esto establecía un vínculo entre los mortales humanos y la vida después de la muerte entre las estrellas, que fue un precursor del concepto de paraíso celestial o «cielo» para todos.

La fe en el más allá estaba firmemente anclada en la psicología egipcia. En este sentido, los egipcios desarrollaron un extraordinario conjunto de creencias, historias, metáforas y rituales. En un principio, tenían como objetivo la salvación eterna de los faraones, que fueron enterrados en pirámides cada vez más sofisticadas.

Las más conocidas son las tres pirámides gigantes de Giza. Su construcción comenzó hacia 2550 a.C., cuando Keops eligió este sitio como su lugar de descanso final. Construir su pirámide llevó veinte años. Cada uno de sus cuatro lados mide 230 metros de ancho en la base y llega hasta los 146 metros de alto, lo que la convierte en la más grande de las tres necrópolis. Durante cuatro milenios fue la construcción humana más alta del mundo. En 1902, la Catedral Lincoln de Inglaterra la rebasó al alcanzar los 160 metros.

Mucho se ha escrito sobre las pirámides y sus supuestos alineamientos con el cielo nocturno. De estas ideas, la única indisputablemente verdadera es que las bases cuadradas de estas tres grandes pirámides están orientadas norte-sur y este-oeste. La famosa esfinge encontrada en este lugar también mira directamente al este, lo que significa que el Sol sale sobre su cabeza en el equinoccio de primavera, aproximadamente el 21 de marzo cada año. Hace mucho que se debate sobre cómo consiguieron los egipcios orientar estas construcciones con tal exactitud.

Hoy en día, si quisiéramos construir algo apuntando norte-sur sin compás, lo alinearíamos con Polaris, la estrella polar. Bastante luminosa, esta estrella está situada muy cerca de la proyección del polo norte terrestre en el cielo. Conforme avanza la noche y la Tierra rota sobre su eje, Polaris parece permanecer quieta mientras las otras estrellas pivotan a su alrededor.

Sin embargo, en la época del Antiguo Egipto del tercer milenio a.C, el polo norte celestial estaba lejos de Polaris.

Esto se debe a que la Tierra cabecea cual peonza que gira muy lentamente en un fenómeno llamado precesión. El eje de rotación de la Tierra tarda 25.772 años en completar un círculo entero. En el tres mil a.C. aproximadamente, una estrella de tenue luz llamada Thuban, en la constelación de Draco —estrella que brilla cinco veces menos que Polaris—, estaba más cerca del polo que hoy. Hay quien ha planteado la posibilidad de que los egipcios tomaran sus líneas de visión a partir de esta estrella, lo cual es claramente posible dado que sus cielos eran más oscuros y limpios.

Sin embargo, en 2000, la arqueóloga Kate Spence, de la Universidad de Cambridge, utilizó un ordenador para comprobar la orientación del cielo nocturno que los constructores de las pirámides hubieran tenido sobre sus cabezas. Un par de estrellas razonablemente brillantes destacaron sobre las demás: Mizar en la Osa Mayor y Kochab en la Osa Menor. Se encontraban a una distancia casi idéntica del polo norte celeste y, conforme avanzaba la noche, dibujaban círculos a su alrededor como dos gatos midiéndose para una pelea. Desde la perspectiva de los antiguos egipcios, una línea imaginaria entre estas dos estrellas siempre hubiera pasado por el polo norte.

Para transformar esto en el equivalente astronómico de una plomada, solo tenían que esperar a que las estrellas formaran una línea perpendicular al horizonte. Esto hubiera sucedido una vez cada noche debido a la rotación de la Tierra. De esta forma, Spence demostró que los astrónomos podrían haber llevado a cabo comprobaciones nocturnas de las líneas de visión de las pirámides. Los medios informaron profusamente sobre esta hipótesis, que fue muy debatida entre egiptólogos y otros académicos.

Sin embargo, y como de costumbre, dado que los constructores de las pirámides no dejaron registros escritos de sus métodos constructivos y de alineación, no podemos afirmar con certeza que exista un verdadero vínculo entre las pirámides y el cielo nocturno. Por otro lado, cuando miramos en el interior de otras pirámides, la historia cambia completamente.

A menos de veinte kilómetros al sur de Giza se encuentra Saqqara, otro complejo piramidal. Aunque no son tan altas como las de Giza, sus construcciones destacan por otras razones. En 1881, el egiptólogo francés Gaston Maspero estaba investigando el lugar, cuando algo lo atrajo hacia la pirámide en ruinas de Unas. Hasta entonces, solo se había examinado exteriormente, pero Maspero encontró la forma de entrar. Recorrió los oscuros pasillos serpenteantes hasta llegar a la cámara funeraria. Un bonito sarcófago negro de basalto pulido yacía bajo un techo abovedado grabado con estrellas. Sin embargo, fueron las paredes cubiertas con jeroglíficos de arriba abajo lo que realmente le llamó la atención.

Una vez traducidos, los arqueólogos pudieron leer los textos que hablaban del peligroso viaje que el alma de Unas tendría que realizar por el inframundo, antes de poder ascender al reino de los cielos y unirse a la procesión de Ra en el más allá. Era el equivalente a un manual de instrucciones para el recién fallecido faraón. Su alma eterna ascendería, decían las instrucciones, y emprendería el viaje a la inmortalidad.

Se han descubierto otros ejemplos de estos «textos de las pirámides» en exploraciones posteriores, pero el de la tumba de Unas es el más antiguo que se conoce, datado aproximadamente en 2320 a.C. Todos hablan de que el destino final del rey muerto es reunirse con las *Ihemu-seku* (las estrellas imperecederas) en el norte del cielo. Habitualmente se ha interpretado que esta expresión se refiere a las estrellas más cercanas al polo norte celeste, visibles durante todo el año, llamadas estrellas circumpolares.

Mientras que el destino del rey era acabar en las estrellas, el de los ciudadanos comunes era mucho menos glamuroso. No ascendían tras la muerte, sino que pasaban el resto de la eternidad en un sombrío inframundo o en una fértil y mística tierra de la abundancia llamada el Campo de Juncos, donde continuaban llevando una vida exactamente igual a sus vidas terrenales. Pero esta divergencia entre el destino de los faraones y el del pueblo común comenzaría a diluirse durante el Antiguo Egipto.

La gran era de las pirámides y la estabilidad del Antiguo Egipto, conocido como el Reino Antiguo, llegó a su fin en algún momento alrededor de 2180 a.C. Durante la fase previa al hundimiento, los gobernadores regionales comenzaron a acumular dinero y, con ello, poder. Llamados nomarcas, convirtieron sus administraciones en posiciones hereditarias, lo que permitió a sus respectivas familias aumentar su importancia y posición. Comenzaron a tener una mayor influencia en el propio faraón, que en aquel momento era Pepi II.

Evidentemente, Pepi II no era lo suficientemente fuerte como para mantener unidos a sus nomarcas, que acabaron enfrentados y guerreando entre sí. Este caótico período duró un siglo y cuarto, al final del cual emergieron dos dinastías rivales en disputa por el control de todo Egipto. La victoria se la llevó un líder llamado Mentuhotep, que se convirtió en el primer Faraón del Reino Medio, pero estas turbulencias afectaron profundamente la visión que el pueblo egipcio tenía de los faraones, que dejaron de ser percibidos como divinos e infalibles. Como demuestran las constantes luchas, la posición estaba claramente en juego. Y eso significaba que todos los privilegios de ser un faraón, incluido un lugar en el cielo, estaban también al alcance.

Hacia 2100 a.C. ya se habían comenzado a grabar tablas astronómicas en las tapas de los sarcófagos de madera. En 2000 a.C., unos cincuenta años después de que Mentuhotep II reunificara Egipto, empezaron a aparecer en tumbas más comunes escrituras siguiendo un patrón similar al de los textos de las pirámides. Los textos de los sarcófagos, como se dieron en llamar, estaban claramente pensados para guiar a los plebeyos hacia su destino celestial con los dioses. Se acabaron convirtiendo en el ampliamente conocido *Libro de los muertos*. Este consistía en un conjunto de pasajes funerarios usados de manera generalizada durante el Reino Nuevo de Egipto, que comenzó a principios de 1550 a.C. En el *Libro de los muertos*, el destino final del alma se presenta como una serie de conjuros a los que una persona recién fallecida se tiene que prestar. Pero tiene truco, pues no todo el mundo será admitido en el reino celestial.

El conjuro 125 explica la ceremonia del «pesaje del corazón». Es la primera descripción en la historia de un supuesto juicio de los dioses para decidir si, tras su muerte, el alma de un individuo se merece o no un lugar en el cielo. El inframundo egipcio se llama Duat, lugar al que los recién fallecidos son llevados por Anubis, el dios de la momificación y del más allá. En presencia de Osiris, el dios del inframundo, una persona muerta debe demostrar haber vivido una vida libre de pecados, que van desde la crueldad hasta otras experiencias difícilmente evitables. La lista incluye:

robo, asesinato, brujería, adulterio, libertinaje, calumnia, insulto, escuchar a escondidas y levantar la voz.

Para comprobar la veracidad de su testimonio, los dioses pesan el corazón del fallecido en una balanza y usan como contrapeso una pluma de avestruz, que es una reencarnación de la diosa Maat y representa la verdad, el equilibrio, la ley y la moralidad. Si el corazón está cargado de pecado será, por tanto, más pesado que la pluma, en cuyo caso, una temible criatura llamada Ammit —parte león, parte hipopótamo, parte cocodrilo— se lo comerá, condenando así al fallecido a deambular sin descanso por el inframundo para el resto de la eternidad.

Si el corazón no pesa más que la pluma, entonces el fallecido puede unirse a Ra como parte de la tripulación de su barcaza. En las versiones del mito en las que estas almas nobles tenían como destino el Campo de Juncos, este más allá paradisíaco se empezó a asociar con más frecuencia con el cielo nocturno. A la historia se le añadió que los habitantes del Campo de Juncos podían ser llamados a los reinos celestiales para defender a Ra de las fuerzas de la oscuridad. Era una forma de democratizar el más allá celestial, a pesar de que no todo el mundo podía entrar en él.[22] Este relato representa también la invención de dioses «grandes» o moralizadores, que nos juzgan cuando morimos y deciden si podemos ocupar un lugar en el cielo. Pero en esta historia existe un vínculo aún más explícito con el cielo nocturno que el simple concepto de lo celestial.

Maat era también la diosa de las estrellas y de las estaciones terrestres. Personificaba las acciones de las deidades que presidían la creación. Nunca sabremos si es coincidencia o algo premeditado, pero la asociación religiosa entre el destino del muerto y las estaciones parece reflejar la práctica de Stonehenge consistente en venerar a los muertos y mapear el paso de una estación a otra de manera simultánea. ¿Era así como aquellos pueblos de la antigüedad concebían la muerte: el transcurso de una estación, un estado que se transforma en otro? Parece muy posible y aportaría una razón más para continuar explorando el cielo nocturno como forma de dar más sentido a nuestras vidas terrenales.

Según el psicólogo Ara Norenzayan de la Universidad de Columbia Británica, en Canadá, la creencia en un dios que enjuicia no surge azarosamente. Más bien surge como una forma de fomentar la cooperación en el seno de una civilización en crecimiento, que necesita trabajar conjuntamente para el bien común. La motivación para cooperar está clara: sigue las normas en esta vida y te premiarán en la próxima.

Pero ¿qué fue lo que lo que dio lugar a la civilización, en primer lugar? Según el pensamiento tradicional, el catalizador fue la agricultura. Con ella, los grupos de humanos pudieron dejar de recorrer la tierra cazando bestias salvajes por el camino o llevando ganado de unos pastos a otros. En su lugar, se asentaron y cultivaron cosechas. En Egipto, este cambio fue impulsado por las inundaciones anuales del Nilo, que llevaban tierra fértil a las orillas del río. Con el tiempo, un número creciente de personas comenzaron a vivir juntas, formando las primeras ciudades. Y con este cambio, llegó el nacimiento de dioses moralizadores como Maat, para mantener a todos en armonía.

El paso a la agricultura se conoce como revolución neolítica, un término acuñado por el arqueólogo australiano Vere Gordon Childe en 1924.[24] En realidad, este cambio tuvo lugar poco a poco y a lo largo de muchos siglos, y no con la velocidad que la palabra *revolución* parece connotar. Año tras año, los académicos han aportado numerosas razones para el surgimiento de la agricultura, muchas de ellas enfocadas en el cambio climático. El propio Childe priorizaba la hipótesis de que la tierra se había vuelto más seca y menos habitable, y que por ello las personas se vieron obligadas a vivir juntas alrededor de oasis y ríos. En esta línea, una idea vincula la extinción en masa de la vida salvaje causada por la llegada de un clima más cálido con la transición de la caza al cuidado de las cosechas. En todos estos casos, los humanos se han visto obligados por fuerzas más allá de su control a adaptar sus estrategias de supervivencia o morir. Pero un yacimiento descubierto recientemente en Turquía sugiere algo realmente muy diferente.

La existencia de Göbekli Tepe, en el sureste de Turquía, se registró por primera vez durante una inspección de la zona en los años sesenta, pero no fue hasta mediados de los noventa cuando se empezó a excavar. Dirigidos por Klaus Schmidt, del Instituto Arqueológico Alemán, los estudiosos comenzaron a sacar este extraordinario yacimiento a la luz. Data de 9500-9000 a. C. y es el ejemplo más antiguo de arquitectura monumental del mundo. Fue construido unos ocho mil años después de las pinturas rupestres de Lascaux y cinco mil años antes de la fundación de las primeras ciudades en el creciente fértil.

Göbekli Tepe está formado por al menos veinte estructuras circulares, las mayores de las cuales miden cerca de treinta metros de diámetro. Cada una está delimitada por enormes pilares de piedra con forma de T y de unos dos metros de altura. Hasta el momento se han desenterrado solo algunos de estos círculos de piedra y, a diferencia de los rugosos bloques areniscos de Stonehenge, los pilares que los forman están exquisitamente grabados con dibujos de animales en actitud a menudo feroz y enfurecida. En el centro de cada círculo, dos megalitos más grandes se erigen alcanzando cuatro metros de altura, ofreciendo una perspectiva concreta del cielo.

Siguiendo una técnica habitual hoy en día, Giulio Magli, de la Universidad Politécnica de Milán, investigó cómo hubieran visto el cielo nocturno sobre Göbekli Tepe los constructores del templo. Y algo le llamó la atención.

Sirio es la estrella más brillante del cielo nocturno. Solo el Sol, la Luna y los planetas Venus y Júpiter brillan más. Incluso con la contaminación lumínica de hoy en día, sigue siendo una luz inconfundible. Pero desde la Turquía prehistórica no siempre se hubiera podido ver. El ciclo de precesión de 25.772 años hace que la dirección norte varíe en el cielo y esto provoca que las estrellas salgan y se pongan en diferentes momentos. Durante partes del ciclo, algunas estrellas incluso desaparecen completamente de la vista, tardando siglos o milenios en volver a aparecer. Sirio es una de esas estrellas y lo que llamó la atención de Magli fue que volvió a ser visible en los cielos del sureste de Turquía hacia 9300 a. C., justo en el medio del rango de fechas en que se considera que se fundó el templo.

Magli plantea que el regreso de Sirio al cielo atrapó la imaginación del pueblo hasta tal punto que levantaron el templo para seguir el «nacimiento» de esta estrella en el cielo nocturno. Más aún, piensa que seguir a Sirio fue la razón por la que se construyó allí más de un círculo. Con el paso de los siglos, Sirio fue saliendo desde diferentes posiciones a lo largo del horizonte y aquellos que llegaron al lugar construyeron periódicamente un nuevo círculo para registrar así el avance de la estrella. De los anillos desenterrados hasta el momento, tres parecen alinearse con la posición de salida de Sirio de 9100 a.C., 8750 a.C. y 8300 a.C.[25]

Hoy en día este paraje es un desierto árido, pero en la época de su fundación la zona pudo haber sido un paraje frondoso, lleno de plantas y campos de trigo salvaje y animales pastando. A primera vista, un lugar excepcional en el que asentarse. Pero las pruebas arqueológicas cuentan otra historia: los círculos de piedra son las más tempranas construcciones en este lugar. No existía asentamiento anterior, ninguna ciudad incipiente cuyos habitantes construyeran después un lugar apto para la adoración. Y la prueba más concluyente de esta interpretación se encuentra en los abundantes huesos animales hallados en el lugar.

El arqueólogo belga Joris Peters ha estudiado más de cien mil fragmentos de hueso de Göbekli Tepe. Muchos muestran signos de haber pertenecido a individuos que fueron cazados, descuartizados y cocinados, pero el detalle más importante es que todos pertenecen a especies animales salvajes. Según Peters, esto apuntaría a que los cazadores-recolectores construyeron este lugar no como asentamiento, sino con la finalidad única del culto religioso.[26]

Göbekli Tepe pudo haber sido en su origen el lugar de celebración de una reunión anual entre grupos nómadas que cobró importancia una vez se atisbó a Sirio sobre el horizonte. Está claro que construir cada círculo de piedras debió requerir mucho tiempo y esfuerzo. Cada pilar pesa hasta diez toneladas. Aunque se extrajeron de acantilados cercanos, se hubieran necesitado cientos de personas para transportarlos y ponerlos de pie en cada uno de los círculos de piedras. Para poder disponer de tal cantidad de mano de obra durante tanto tiempo hubieran sido necesarios campamentos semipermanentes, que al cabo del tiempo se habrían convertido en los asentamientos que los arqueólogos han encontrado alrededor del lugar.

Esto acaba con la idea de que fueron la vida en la ciudad y la civilización las que proporcionaron el tiempo libre necesario para construir estructuras no relacionadas con la mera supervivencia: es decir, lugares ceremoniales. En cambio, de Göbekli Tepe se desprende que fue la construcción de un emplazamiento ritual posiblemente dedicado al cielo nocturno lo que sirvió de catalizador para el asentamiento urbano, porque atrajo a gente a la zona. De hecho, antes de su muerte en 2014, Schmidt llegó a la conclusión de que Göbekli Tepe fue un lugar de refugio. De ser cierto, la conclusión es asombrosa: nuestra primaria fascinación por el cielo nocturno y la esperanza de que respondiera a nuestras preguntas sobre la existencia fue uno de los factores que condujeron al nacimiento de la civilización en sí.

3

Calendarios y constelaciones

Aunque no sabemos con certeza si la agricultura fue una causa o un efecto de la vida sedentaria, no hay duda de que cuidar los cultivos nos cambió para siempre. Tras estudiar los restos humanos de 133 cementerios de la antigüedad que abarcan toda la revolución neolítica, el antropólogo francés Jean-Pierre Bocquet-Appel llegó a la conclusión de que en aquel momento se dio un explosivo aumento de población. Esta fue (literalmente) alimentada por las grandes cantidades de comida disponibles gracias a los cultivos domesticados. En lugar de vivir como cazadores-recolectores recorriendo la tierra en busca de una oportunidad para alimentarse, los humanos comenzaron a tener cierto control sobre lo que los rodeaba.

El factor que no pudieron controlar, sin embargo, fue el clima. La agricultura comportaba un riesgo inherente: estaciones inclementes podían arruinar cosechas enteras. A diferencia de sus ancestros cazadores-recolectores, los primeros agricultores estaban atados a un único lugar y cada año tenían apostar por proteger sus cosechas y hacer que dieran fruto. En consecuencia, la agricultura redefinió nuestra relación con la naturaleza y contribuyó a una más alta y profunda estima del cielo nocturno y su supuesta relación con la Tierra.

Como ya hemos podido ver, los diferentes crómlech y otros monumentos de la prehistoria sirven para el doble propósito de la adoración y la observación del cielo. Tras la revolución neolítica, la adoración se transformó en culto y seguidamente se organizó como religión; de la misma forma, con la creación de los calendarios, la observación de solsticios evolucionó en un registro del paso del tiempo en toda regla. Pero estos dos avances no sucedieron por separado. Al conservar las ideas del animismo —que el cielo y la tierra estaban unidos de forma espiritual—, los calendarios se desarrollaron inicialmente para fines religiosos.

El primer calendario formal del que se tiene noticia en los registros arqueológicos viene de Sumeria y data del segundo milenio a. C. Se le conoce como el calendario Umma de Shulgi, un rey Sumerio que vivió en Ur, ciudad-Estado situada en el actual Irak. Como hemos descrito en el capítulo anterior, los sumerios creían que, al transformar en orden el caos, los dioses habían creado la tierra y el universo circundante. Según cuenta la leyenda, crearon a los humanos mezclando la sangre de un dios caído con arcilla. Hicieron esto para que los humanos realizaran en la tierra el trabajo que los dioses se habían cansado de hacer ellos mismos. Así, dejando a los humanos a cargo del trabajo, los dioses se dedicaron vivir vidas de ocio, encarnándose en los diferentes objetos celestes y fuerzas de la naturaleza.

Todo esto constituyó el núcleo de las creencias sumerias y por ello la observación de la naturaleza se convirtió nada menos que en la contemplación del orden divino. Mapear las estaciones de la Tierra, el cambio de las constelaciones a lo largo del año y las muchas idas y venidas de otros objetos celestes equivalía a conocer la voluntad de los dioses. Y la uniformidad de esas idas y venidas implicaba que, al crear un calendario, los sumerios estaban captando el diseño de la gran creación. Era el equivalente a un libro sagrado.

Los sumerios basaban su calendario en la Luna. Una delgada luna creciente en el horizonte occidental, justo después de la puesta de sol, anunciaba un nuevo mes. El rey Shulgi construyó en Ur el gran zigurat para que los sacerdotes pudieran contemplar este acontecimiento desde lo más alto de sus elevadas plataformas. Además, este gran edificio de piedra con sus escarpadas paredes y largas escaleras servía como sede de gobierno de su administración y templo de la diosa sumeria de la luna, Nanna.

Para cuando el imperio neobabilónico llegó al poder en el siglo VII a.C., el origen del calendario se había consagrado como un mito de creación llamado Enuma Elish. Cuenta, con numerosos préstamos de una versión sumeria anterior, cómo el dios Marduk instauró el orden cósmico y se dispuso a mandar en el cielo, haciendo del emperador babilónico su representante en la Tierra. Se dice que mientras instauraba este orden cósmico, Marduk colocó la Luna en el cielo para medir el paso del tiempo mediante sus fases.

La Luna es, efectivamente, un excelente punto de partida para subdividir el año gracias a su ciclo de fases. Durante el trascurso de 29,53 días, pasa de nada a estar totalmente iluminada y de nuevo a nada para retomar el ciclo otra vez. Las fases lunares son el resultado de la órbita de la Luna alrededor de la Tierra y de que no desprende luz propia, sino que se limita a reflejar la del Sol. Conforme se mueve alrededor de la Tierra, el ángulo que crea con el Sol cambia desde nuestra perspectiva y vemos zonas iluminadas más grandes. Cuando hay luna llena, esta se encuentra en la dirección opuesta al Sol y por ello vemos un hemisferio completamente iluminado. La luna nueva tiene lugar cuando está en la misma dirección que el Sol. En esta posición, el brillo del Sol hace que no podamos verla, e incluso, aunque pudiéramos, estaríamos contemplado un lado oscuro, pues el hemisferio que apunta en nuestra dirección estaría en la sombra.

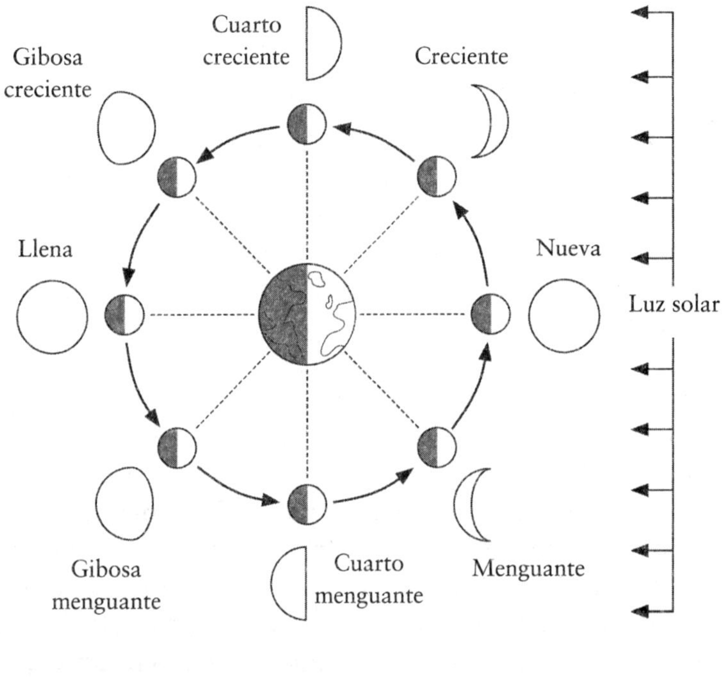

La posición de la Luna durante su órbita alrededor de la Tierra de un mes de duración da lugar a las fases lunares.

El mes representa un ciclo de un solo día y una sola noche en la Luna. La Tierra gira alrededor de su eje una vez cada 24 horas, pero la Luna solo puede rotar una vez sobre su eje mientras orbita alrededor de nuestro planeta. No siempre fue así, pero la atracción gravitacional de la Tierra que mantiene a la Luna en órbita también le ha despojado de su capacidad para rotar más deprisa. Que la Luna solo sea capaz de dar una vuelta durante su órbita explica por qué enseña siempre la misma cara a la Tierra. Por eso, las fases lunares representan un ciclo de día y noche en la Luna. El paso del amanecer al mediodía en la Luna comporta siete días terrestres. Un tiempo similar tarda en llegar la puesta de sol, seguida de una larga noche de dos semanas.

A pesar de que los calendarios lunares son fantásticos puntos de partida, no son ideales. El problema es que doce meses lunares (lunaciones) equivalen a solo 354,36 días, con lo que faltan diez para completar el año terrestre. Esto significa que un año definido como doce lunaciones se descompasaría con las estaciones, porque estas se definen por la posición de la Tierra respecto al Sol, y la Tierra tarda 365,25 días en completar una órbita. Por este motivo, poco a poco y desde el siglo XVI aproximadamente, los calendarios puramente lunares se dejaron de usar como método para marcar el paso del año, pero siguieron utilizándose para señalar eventos religiosos. Todavía hoy la sociedad islámica utiliza un calendario puramente lunar para establecer las fechas de sus rituales religiosos, incluyendo el Ramadán, el mes del ayuno, y el Hajj o peregrinación anual a La Meca. En consecuencia, cada año que pasa los rituales empiezan diez días antes.

Para sincronizar el calendario lunar con el año, es necesario utilizar un sistema de salto de meses. Esta solución se conoce como el calendario lunisolar. Su desventaja es que los años tienen una longitud variable. Normalmente, hay dos años que duran doce meses lunares seguidos de uno con trece lunaciones, lo que compensa el retraso y vuelve a sincronizar el calendario con las estaciones. El calendario religioso judío actualmente en uso es lunisolar, como lo era el de la Antigua Mesopotamia. Tras probar un calendario lunar, el Antiguo Egipto desarrolló otro basado únicamente en el Sol, y los calendarios solares se siguen utilizando hoy en la mayor parte del mundo. Incluso los países islámicos utilizan los calendarios solares para fines no religiosos.

En el Antiguo Egipto, todas las estaciones estaban basadas en la crecida del Nilo. Cada año, entre mayo y agosto, un enorme monzón se tragaba las tierras altas de Etiopía, situadas al sur de Egipto. Esta agua de lluvia alimentaba el lago Tana y de ahí se canalizaba por el llamado Nilo Azul al río Nilo en sí. La inundación hacía que el Nilo egipcio se desbordara y anegara las tierras bajas circundantes. Comenzaba con una subida constante del nivel del río en junio, que aumentaba repentinamente a mediados de julio, cubriendo las tierras bajas con el sustrato fértil que hacía posible las cosechas. Este ciclo natural de inundaciones —y sus incertidumbres inherentes— se vio alterado únicamente en los años setenta con la construcción de la gran presa de Asuán. Dado que la árida climatología de la zona daba lugar a pocos cambios durante el año, los egipcios utilizaron este ciclo para dividirlo en tres estaciones. Comenzaba con Akhet, la estación de la inundación; Peret era la estación del crecimiento; y Shemu, el tiempo de la cosecha.

Casualmente, las inundaciones anuales coincidían con un evento celeste fácilmente predecible que los egipcios utilizaron para señalar su año nuevo. Gracias a los cielos casi completamente despejados del valle del Nilo, sus pobladores eran plenamente conscientes de los movimientos solares, lunares y estelares sobre sus cabezas. Y el acontecimiento que llamó su atención tenía que ver con Sirio o, como la llaman los egipcios, Sopdet.

Al estar inclinado, el eje rotacional de la Tierra hace que en Egipto y el sureste de Turquía Sirio permanezca invisible parte del año. Pasa setenta días bajo el horizonte y, entonces, por pura casualidad, vuelve a hacerse visible en la fase previa a la inundación del Nilo. La coincidencia les pareció demasiado grande como para pasarla por alto. Además, Sirio, como queriendo confirmar el pretendido vínculo entre acontecimientos terrestres y celestes, está cerca de la neblinosa franja de la Vía Láctea que los egipcios identificaban con el Nilo.

Dado que su aparición anunciaba las inundaciones, la estrella se asoció con Isis, la diosa egipcia del renacimiento y el amor maternal. Se decía que las lágrimas que vertía por Osiris, su marido caído, llenaban la Vía Láctea y que la crecida anual del Nilo era la manifestación temprana del retorno de aquellas. De la misma manera, Sirio se asociaba con la diosa egipcia Hathor, símbolo de la fertilidad, y esto originó un nuevo mito sobre la inundación. En este mito, Ra envía a Hathor, representada por una vaca con Sirio brillando tras sus cuernos, a castigar a la humanidad por planear un levantamiento contra su mandato. Furiosa, Hathor comienza a masacrar humanos indiscriminadamente y Ra inunda la tierra con cerveza de color rojo para evitar que mate a todo el mundo. En su arrebato, Hathor confunde la cerveza con sangre y bebe profusamente, lo que le provoca sueño y la calma. Durante la crecida el Nilo, arrastraba sedimentos que teñían su agua de rojo por lo que el fenómeno se asociaba con el retorno de la diosa.

En 1890, el astrónomo británico Norman Lockyer se dispuso a explorar Egipto. Le intrigaban los informes sobre las alineaciones celestes y, tras investigar la zona, propuso que el Templo de Isis, en Dendera, se había construido para detectar la vuelta de Sirio al cielo nocturno.[28] En Philae, una isla del Nilo, existe otro templo dedicado a Isis. Próximo a él se localiza un tercero en honor a Satet (diosa también asociada con el mito de la crecida) que se ha sugerido podría ser el lugar desde el que los habitantes del Antiguo Egipto vigilaban el retorno de Sirio para poder declarar el año nuevo y prepararse para la crecida.[29] Cuando se acercaba el momento designado del año, los sacerdotes-astrónomos se reunían al crepúsculo y oteaban al este del horizonte en busca de Sirio, justo antes de que el amanecer tapara la vista. El comienzo del año nuevo se declaraba la mañana en la que la veían aparecer. Este momento se llamó ascenso helíaco de Sirio.

Cada una de las estaciones egipcias estaba dividida en cuatro meses, cada uno de los cuales duraba 30 días. Un mes se dividía a su vez en tres períodos de diez días conocidos como decanos. Como doce meses de treinta días resultan en un año de solo 360 días, en el calendario egipcio se incluía un mes adicional de cinco días para mantener las estaciones acompasadas con el calendario. Cada cuatro años, este mes corto se ampliaba a seis días, el equivalente egipcio de nuestro año bisiesto. Pero los egipcios también mantenían su calendario lunar anterior con fines religiosos.

Los setenta días en los que Sirio permanecía oculto de noche bajo el horizonte también se consideraban importantes desde el punto de vista religioso. Los egipcios consideraban ese período como la duración del viaje de un alma por el inframundo y lo utilizaban, por tanto, como el lapso en el que era posible embalsamar un cuerpo y momificarlo para el entierro.

Además de utilizarse para acontecimientos religiosos, la astronomía también se usó para establecer cómo registrar el paso del tiempo, subdividiendo el día en tres momentos astronómicamente importantes: el amanecer, el mediodía y la puesta de sol. Nuestras divisiones del día en 24 horas y la hora en sesenta minutos derivan ambas de civilizaciones antiguas.

Los relojes de sol se utilizaban alrededor de 1500 a.C. en diferentes lugares del creciente fértil. Investigadores de la Universidad de Basilea encontraron en 2013 la placa base de un reloj de sol egipcio en el Valle de los Reyes. Descubierta en una zona de cabañas de piedra utilizadas por los trabajadores que construyeron las tumbas, el artefacto destaca porque el semicírculo dibujado en la placa base está subdividido en doce segmentos más o menos iguales para delinear doce «horas» de luz diurna. La pregunta es: ¿por qué doce?

El uso de un sistema de conteo basado en el doce (duodecimal) se consolidó en el Antiguo Egipto y, por lo general, se cree que la razón es que doce era el número de los ciclos lunares completos en un año. Si la naturaleza había decidido dividir el año en doce, hacer lo mismo con el día parecía una elegante obra de simetría.

De noche, sin sol que les guiara, los pobladores del Antiguo Egipto establecieron una serie de constelaciones reconocibles o estrellas individuales y brillantes en las que fijarse al este del horizonte. Conforme cada constelación, conocida como decano, ascendía, los astrónomos podían tachar otra «hora» nocturna. Estos decanos se pueden considerar como las constelaciones de la antigüedad. Había treinta y seis en total, de las cuales cerca de un tercio se utilizaban cualquier noche para marcar doce horas más o menos iguales, independientemente de la estación.[31] Este es el antiguo origen de nuestra división del día en 24 horas.[32]

Curiosamente, estos decanos forman las tablas astronómicas que se pintaron en el interior de las tapas de sarcófagos de madera alrededor de 2100 a.C. Quizá estaban diseñadas para ayudar a los muertos a encontrar su camino hacia el paraíso. Mucho después, en el siglo II d.C., se halló un documento llamado «Los fundamentos de la trayectoria de las estrellas» que contenía una descripción en papiro del uso de los decanos, y que hoy se conoce como *El Libro de Nut*, así llamado en honor a la diosa del cielo. Sin embargo, listas de decanos descubiertas en distintos lugares difieren entre sí y pocas veces se relacionan con los mapas que representan sus constelaciones de estrellas. Esto hace difícil relacionarlas con las constelaciones modernas.[33] Pero en los restos arqueológicos de Dendera, a unos sesenta kilómetros de Luxor, tuvo lugar un descubrimiento asombroso.

El templo de Hathor, en Dendera, fue descubierto en el siglo XIX por Vivant Denon, un arqueólogo francés que acompañó a Napoleón durante las campañas egipcias. Fue entonces cuando los extraordinarios tesoros culturales del

Antiguo Egipto llamaron la atención de Europa. En el techo del pórtico del templo había un bajorrelieve que contenía una detallada representación pictórica del cielo nocturno, incluidos los treinta y seis decanos. Esto hubiera sido lo primero que hubieran visto quienes acudían al templo al mirar hacia arriba justo antes de entrar. Hoy en día lo contemplan los visitantes del museo del Louvre de París, porque, aunque en un principio Denon se contentó con dibujar ese extraordinario mapa del cielo, en 1820, tras convertirse en director fundador del Louvre, envió un cantero a Egipto con un saco de herramientas y una pizca de pólvora. Con ayuda de todo ello, el cantero desmontó el relieve, que fue transportado a la capital francesa, donde permanece desde entonces.

En él, cada decano está representado por la imagen de un dios de pie en un barco y rodeado por una pequeña constelación de estrellas, aunque en algunos casos poco claros no hay estrellas. El barco es significativo porque es el símbolo utilizado por los egipcios para representar el movimiento de las estrellas a través del cielo nocturno. Por lo tanto, no se cree que los decanos sean en sí mismos constelaciones tal como las concebimos hoy, sino más bien un conjunto compacto de estrellas que ascenderían al mismo tiempo. Estos asterismos parecen estar formados por hasta cuatro estrellas cada uno, pero, desafortunadamente, no están lo suficientemente definidos como para poder relacionarlos con estrellas visibles en la actualidad.

No obstante, nos permiten llegar a otras importantes conclusiones. En primer lugar, son otro claro ejemplo de la relación a la vez práctica y religiosa de la antigua humanidad con el cielo nocturno. En segundo lugar, los egipcios bautizaron a los decanos de manera figurada en lugar de descriptiva, y esto nos da una pista sobre el nombre de las constelaciones que usamos hoy.

Se afirma con frecuencia que las constelaciones se bautizaron en base al dibujo o patrón que forman. Si bien no es difícil ver un hombre en Orión y un león en Leo, es casi imposible identificar una diosa en Andrómeda o un conjunto de escamas en Libra. Y aunque se supone que en Sagitario deberíamos ver un arquero (a menudo representado como un centauro), en realidad el patrón que dibujan sus estrellas se parece más una tetera, e incluso los propios astrónomos la llaman así.

En la nomenclatura de los decanos comprobamos más bien que los nombres figurativos que los egipcios dieron a estas constelaciones constituían probablemente un recordatorio de lo que era, en esencia, un sistema de coordenadas celestes y de registro del tiempo. Y esto nos lleva al origen de las constelaciones.

En las cuevas de Lascaux, en Francia, las paredes están cubiertas por casi seis mil figuras. Estas se pueden agrupar en animales, humanos y símbolos. De los aproximadamente novecientos animales, casi la mitad son caballos. Sin embargo, son los toros los que más llaman la atención. En una parte de la cueva, cuatro uros negros (el extinto antepasado del ganado doméstico) dominan las paredes. De estos, el más grande mide 5,2 metros de largo. Sobre su hombro hay un patrón formado por seis puntos que cualquier observador nórdico del cielo encontrará extrañamente familiar. Se parece a un grupo de estrellas hoy en día fáciles de ver a simple vista. Conocidas como las Pléyades, son la única agrupación compacta de estrellas que destaca en todo el cielo. En la época en que se pintaron en las paredes de la cueva, seguramente se consideraba que anunciaban la primavera y el otoño. En aquel momento, se habrían visto durante toda la noche en primavera, desapareciendo por el oeste justo cuando el sol salía por el este. Llegado el otoño, sin embargo, solo se habrían vislumbrado brevemente cuando salían, al amanecer.

Pero la parte más interesante de la historia es que actualmente las Pléyades forman parte de la constelación que llamamos Tauro, el Toro. De hecho, se encuentran justo encima del hombro del toro, como en las pinturas de Lascaux. Así que, hoy en día, cuando contemplamos las estrellas y vemos las Pléyades e imaginamos un toro celeste, nuestra mente está siguiendo el mismo razonamiento que los artistas prehistóricos de hace unos diecinueve mil años.

Las Pléyades también están representadas en un bonito artefacto arqueológico llamado el disco celeste de Nebra. Descubierto en Nebra, Alemania, se cree que data aproximadamente de 1600 a.C. y consiste en un círculo de bronce de unos treinta centímetros de diámetro. En su superficie azul verdosa hay incrustados símbolos de oro que parecen claras representaciones de objetos celestes. Los más obvios son un círculo completo y un cuarto creciente representando el Sol y la Luna, respectivamente, y entre ambos hay un grupo de estrellas consideradas habitualmente como las Pléyades. Si bien es muy probable que nunca lleguemos a conocer el fin astronómico concreto del disco celeste de Nebra, el hecho de que contenga una representación de las Pléyades apunta claramente a la importancia de este grupo de estrellas para los antiguos humanos.

Dada su singular naturaleza, no es de extrañar que las Pléyades aparezcan en muchos cuentos populares asociados a pueblos primigenios. Sin embargo, lo que es demasiado sorprendente para ser pura coincidencia es que todos estos cuentos parecen estar relacionados entre sí. Los pueblos aborígenes de Australia, América del Norte y Europa identifican casi siempre este conjunto de estrellas con un grupo de mujeres que, con frecuencia, son perseguidas por hombres lujuriosos. Una de ellas sucumbe y desaparece del grupo. Esto explicaría un perenne misterio asociado con las Pléyades: que, aunque a simple vista hoy solo vemos seis, frecuentemente nos referimos a ellas como las siete hermanas.

El parecido entre las historias sugiere que la leyenda se inventó antes de que nuestros antepasados comenzaran su migración por el planeta. Y esto significa que los humanos proyectaban su imaginación en el cielo nocturno y contaban historias sobre las estrellas hace muchas decenas de miles —o incluso cientos de miles— de años.

Del mismo modo, a las estrellas que rodean a las Pléyades se las relaciona con un toro. Para los antiguos sumerios era el «Toro del Cielo», de la epopeya de Gilgamesh, una de las primeras grandes obras de literatura conocidas. Los poemas épicos se desarrollaron durante muchos siglos a partir de cuentos populares individuales de Gilgamesh. El toro aparece cuando nuestro héroe epónimo frena los avances de la diosa Inanna. Dolida por su rechazo, envía al toro a matarlo. Pero este plan fracasa cuando un aliado de Gilgamesh parte al toro en dos y lo arroja de nuevo al cielo. Hoy en día seguimos representando a Tauro únicamente con la mitad delantera de un toro. Según los babilonios, las dos patas traseras se podían localizar en las constelaciones que ahora llamamos Osa Mayor (el Carro) y Osa Menor.

Los sumerios también vieron a Gilgamesh en las estrellas. Lo asociaron con la constelación que actualmente llamamos Orión, el cazador. E igual que hacemos hoy, lo describieron con una espada colgando de su cinturón. Si bien es cierto que en la mayoría de las constelaciones el patrón que forman las estrellas no coincide con sus nombres, Orión representa una de las excepciones. Es fácil imaginar en esas brillantes estrellas una figura con cinturón sosteniendo un escudo o un arco en dirección a la cercana constelación de Tauro.

Historias como esta han llevado a pensar que las constelaciones fueron ideadas en tiempos ancestrales por personas que contaban historias alrededor del fuego. Según esta hipótesis del «libro de cuentos», los pastores, trovadores o ancianos de la aldea miraron al cielo caprichosamente e inventaron historias para entretener y educar a sus comunidades.

Si bien algunas constelaciones como Tauro y el Carro y las relacionadas con mitos griegos como Andrómeda, Casiopea y Perseo podrían tener su origen en la creación de mitos y la narración de historias, los decanos demuestran que agrupar estrellas según patrones reconocibles les dota de una utilidad práctica como sistema de coordenadas pictóricas. El zodíaco es el mejor ejemplo de ello.

El zodíaco es una franja de constelaciones que rodean todo el cielo. El nombre proviene de un término griego que significa «círculo de pequeños animales», aunque no todas las lo son. Dichas constelaciones son quizá más conocidas como «signos astrológicos», porque los astrólogos les dieron un significado especial, como veremos en el capítulo diez. De momento, son importantes porque, al igual que los decanos, se pueden utilizar como un sistema de coordenadas pictóricas. Las doce constelaciones zodiacales son Aries, Tauro, Géminis, Cáncer, Leo, Virgo, Libra, Escorpio, Sagitario, Capricornio, Acuario y Piscis. Están definidas por el camino que el Sol, la Luna y los planetas siguen a través del cielo, que es más o menos el mismo; lo único que varía es la velocidad a la que avanzan. Así, el Sol, la Luna y los planetas se pueden localizar en el cielo nocturno tomando como referencia cuál de las doce constelaciones zodiacales están atravesando en ese momento. Por ejemplo, Marte en Tauro, Júpiter cruzando de Sagitario a Escorpio.

Aunque las doce constelaciones zodiacales no acabaron de definirse completamente hasta alrededor del siglo v a.C., el más antiguo catálogo de estrellas babilónico conocido, que data del siglo XII a.C., ya incluye una representación temprana de ellas. En el MUL.APIN, un catálogo babilónico de estrellas del año 1000 a. C., el zodíaco se divide en dieciocho constelaciones o «estaciones», como se les llama en dicho documento. El MUL.APIN se destaca porque es mucho más que una simple lista de estrellas. De hecho, es un manual para determinar la hora y trazar el avance del año a partir del cielo nocturno. Enumera las constelaciones que aparecen y se ponen simultáneamente, pares de constelaciones en los que una se eleva cuando la otra alcanza el cenit y el recorrido de los planetas y la Luna a través del zodíaco. También contiene información sobre cómo ajustar el calendario para mantenerlo sincronizado con la salida y puesta de ciertas estrellas, cómo determinar la hora a partir de la sombra de un palo y cómo varía la duración de la noche a lo largo del año.

Este frontispicio de *Epitome in Almagestum Ptolomaei* de Johannes Müller (también conocido como Regiomontanus) (1436-1476) muestra al autor hablando de astronomía con Ptolomeo. Por encima de sus cabezas, la esfera celeste está marcada con las constelaciones zodiacales. (AF Fotografie / Alamy)

También es notable porque señala cuatro constelaciones zodiacales que marcan cuatro momentos especiales del año. MULGU4.AN.NA, el cabestro del cielo o actual Tauro; MULUR.GU.LA, el león, nuestro Leo moderno; MULGIR.TAB, el escorpión (Escorpio); y MULSUḪUR.MAŠ, el pez cabra (Capricornio). Estas constelaciones marcan respectivamente el equinoccio de primavera, el solsticio de verano, el equinoccio de otoño y el solsticio de invierno, los momentos más importantes del año señalados en muchos de los monumentos megalíticos y cuevas de la prehistoria. En el MUL.APIN, sin embargo, vemos que el cielo nocturno se usa ya para marcar los meses, semanas, días y horas entre esos importantes momentos. A partir de aquellas primeras observaciones de la Edad de Piedra se desarrolló un sofisticado sistema de medición del tiempo astronómico basado en las constelaciones zodiacales, bautizadas de forma figurada para distinguirlas en dichas observaciones.

Doscientos años después del MUL.APIN, en el siglo VIII a. C., los poetas griegos Homero y Hesíodo se referían en sus obras a las constelaciones más fáciles de identificar como la Osa Mayor y Orión. También mencionaban las brillantes estrellas Arturo y Sirio, así como las Pléyades.

En el siglo III a. C., el poeta griego Arato escribió un poema que versificaba los conocimientos astronómicos. Se cree que *Phaenomena* se basa en gran medida en el trabajo de Eudoxo de Cnido, un astrónomo griego que había estudiado las estrellas unos cien años antes. Está pensado como una introducción al cielo nocturno y sus usos. Describe cuarenta y siete constelaciones, la mayoría de las cuales nos resultarían familiares hoy en día. Arato explica que el cielo rota a lo largo de la noche y a lo largo del año, enumerando las numerosas salidas y puestas de las constelaciones. A estas alturas, las dieciocho estaciones del zodíaco babilónico se han reducido y combinado para dar lugar a las doce que conocemos hoy.

Actualmente hay ochenta y ocho constelaciones reconocidas, que fueron ratificadas en 1928 por la Unión Astronómica Internacional. De estas, más de la mitad provienen de una lista elaborada en el año 150 d.C. por el astrónomo griego Claudio Ptolomeo. Ptolomeo trabajó en la provincia romana de Alejandría, en Egipto, y catalogó mil estrellas, que agrupó en cuarenta y ocho constelaciones, en su gran obra *Syntaxis*, más conocida hoy por su nombre árabe, *Almagesto*. Fue una importante síntesis de conocimientos astronómicos y se convirtió en la obra estándar de referencia científica durante los siguientes 1.500 años. Consagraba la teoría de que la Tierra era el centro fijo del cosmos y que todo, incluido el Sol, giraba a su alrededor. Este modelo astronómico se siguió utilizando hasta los siglos XVI y XVII, cuando el trabajo de Copérnico y Galileo, entre otros, nos obligó a mirar las cosas de otra manera, como veremos en los capítulos seis y siete.

Aunque el modelo del universo de Ptolomeo no perduró, la mayoría de sus constelaciones sí lo hicieron. Solo hay una importante ausencia en la actual lista oficial. Se trata de *Argo Navis*, una constelación gigante en el hemisferio sur que representaba al Argo, el barco utilizado por Jasón y los Argonautas. Con el gran fervor astronómico que se apoderó de la revolución científica de los siglos XVII y XVIII, los astrónomos separaron la nave en sus componentes y ahora hablamos de Carina, la quilla, Puppis, la cubierta de popa, y Vela, las velas.

A primera vista, hay algo que parece evidente: los griegos definieron el sistema de constelaciones que usamos hoy. Pero no es tan sencillo. Su análisis demuestra que el cielo nocturno descrito por Euxodo y consagrado en verso por Arato, no pudo haber sido visto por ninguno de los dos. Las constelaciones del sur a las que se refieren no son visibles desde Grecia y eso significa que las constelaciones que usamos hoy no fueron invenciones griegas. En su lugar, debieron de haber recibido conocimientos de una época anterior y de un pueblo anterior. Pero ¿cuál?

Para desentrañar este misterio, los estudiosos han recurrido a los restos arqueológicos, a nuestro conocimiento de la astronomía y algunas simulaciones por ordenador que muestran cómo se hubiera visto el cielo nocturno en el pasado.

En Egipto, el mapa celeste de Dendera del Templo de Hathor que albergaba el bajorrelieve de las imágenes de los decanos también mostraba las constelaciones. Hay setenta y dos pictogramas individuales que incluyen la lista de las cuarenta y ocho de Ptolomeo, y las constelaciones modernas del zodíaco son fácilmente reconocibles. Dado que Egipto se encuentra al sur de Grecia y posee una civilización más antigua, datar este mapa del cielo podría ser la clave del rompecabezas.

De hecho, cuando los franceses se apoderaron del bajorrelieve a principios del siglo XIX, se generó un intenso debate sobre su antigüedad. Muchas de las primeras estimaciones lo dataron de miles de años antes de nuestra era, lo cual lo convertía en un hallazgo espectacular, pues demostraba que las constelaciones habían sido bien definidas mucho antes de lo que se pensaba.

Sin embargo, la verdad salió a la luz al estudiar los jeroglíficos que rodeaban al zodíaco. Los que se encontraron dentro de los óvalos, llamados cartuchos, fueron la prueba crucial, pues representaban el nombre del faraón en el momento de la construcción. En el caso del zodíaco de Dendera, los cartuchos estaban vacíos.[34] Esto permitió situar su construcción en un momento muy específico de la historia egipcia: el interregno entre la muerte del padre de Cleopatra en 51 a.C. y la adhesión de Cleopatra y su hijo a Julio César en 42 a.C. Durante esos nueve años, el nombre del faraón se dejó en blanco en todos los cartuchos de los monumentos que se construyeron. Por lo tanto, el mapa del cielo de Dendera aparece unos dos siglos antes que Ptolomeo y su *Almagesto*, pero pocos siglos después de Eudoxo y Arato. Mientras que esta obra en particular no acaba de aclarar quién definió las constelaciones, otro artefacto —más detallado— ha demostrado ser mucho más útil.

En el Museo Archeologico Nazionale de Nápoles se encuentra la estatua del Atlas Farnesio. Data del siglo II, aproximadamente de la época del *Almagesto* de Ptolomeo, y representa al titán Atlas soportando el peso del cielo, representado por un globo, sobre sus hombros. La estatua destaca por contener el más antiguo globo celeste conocido. La representación contiene también la mayoría de las constelaciones de Ptolomeo, pero no en forma de estrellas sino de pictogramas, y estos pictogramas están al revés de cómo los imaginamos observando el cielo nocturno. La razón es que estamos viendo este último desde «fuera», como si fuera un globo con la Tierra como un punto imaginado en su mismo centro. Se trata realmente del cielo visto a través de los ojos de dios. Es significativo que ahí donde el globo reposa sobre los hombros de Atlas, cerca del polo sur celeste, el cielo está en blanco; no se muestran constelaciones.

De similar manera, en el poema de Arato tampoco se enumeran constelaciones cerca del polo sur. Alrededor de esta zona en blanco existen seis constelaciones que forman un anillo, una pista importante para conocer la ubicación de las personas que definieron las constelaciones.

A menos que uno se encuentre en el ecuador, siempre habrá una zona de estrellas que nunca se ponen y una zona de estrellas que nunca salen. En otras palabras, nadie en el hemisferio norte puede ver todas las estrellas del hemisferio sur. Por lo tanto, el espacio en blanco alrededor del polo sur nos revela instantáneamente que los creadores de las constelaciones vivían en el hemisferio norte, y por el tamaño de dicho espacio, podemos saber cuán al norte.

Si una persona estuviera de pie en el polo norte, solo vería la mitad del cielo. Las estrellas no saldrían ni se pondrían; en vez de ello, girarían alrededor del mencionado polo apuntando directamente hacia el cielo nocturno. Por ello, si el mapa astronómico original solo hubiera llenado la mitad norte del globo, eso hubiera querido decir que los astrónomos en cuestión vivían en el Ártico. Si hubieran vivido en el ecuador, el globo estaría completamente cubierto de estrellas, porque hubieran visto todo el cielo durante todo el año.

Al analizar el tamaño y la forma de la desconocida región celeste sur, varios estudiosos han concluido que las constelaciones descritas en el poema tuvieron su origen en las mentes de los minoicos de Creta, durante el tercer milenio a. C. Es una conclusión ciertamente seductora, pues los minoicos eran una nación de grandes marineros que dependía del cielo nocturno para la navegación.

Mary Blomberg y Göran Henriksson, de la Universidad de Uppsala en Suecia, han demostrado a través de su trabajo de investigación que dos estructuras minoicas —el palacio de Cnosos y el santuario de Petsofás— contienen en su arquitectura sorprendentes alineaciones celestes.[36] El diseño del palacio permitía que la luz del sol iluminara el llamado Pasillo de las Tablillas de la Casa al amanecer de los dos equinoccios del año. En el santuario, la mayoría de las paredes están alineadas tomando la estrella Arturo como referencia. En la Creta de 1900 a. C., cuando se construyó el santuario, esta brillante estrella naranja no era visible todo el año. Una serie de muros apuntan a su orto helíaco y otros a su ocaso helíaco. La importancia de esta estrella para los minoicos radicaba en que su visibilidad coincidía con el buen tiempo y, por tanto, la temporada de navegación en el Mediterráneo.

Lejos de tierra firme, el cielo nocturno es la única referencia que tendría el patrón de un barco, además del conocimiento de las corrientes marinas y las direcciones predominantes del viento. Dado que los vientos están sujetos a perturbaciones locales, las estrellas son los puntos de referencia fijos, sobre todo porque durante el verano son pocas las noches nubladas en el mediterráneo. Pero para poder timonear un barco es necesario tener un extraordinario conocimiento de las diferentes estrellas y de cómo cambian de posición, tanto durante la noche como durante la temporada de navegación.

Incluso hoy en día hay navegantes polinesios que siguen siendo capaces de timonear sus barcos sin instrumentos, con gran precisión, a través de grandes extensiones de mar abierto, únicamente con sus conocimientos de las corrientes oceánicas, los vientos y el cielo nocturno. Es una extraordinaria proeza basada en una perfecta capacidad de percepción del entorno y de toma de decisiones. Cada año se publica en Estados Unidos y Reino Unido un *Almanaque Náutico* que contiene la posición de cincuenta y ocho estrellas seleccionadas para la navegación. Estas se pueden localizar con un sextante y su altitud sirve para calcular la posición de un barco en el mar.

Es fácil imaginar, ante la falta de tablas escritas, que los minoicos agruparan las estrellas en constelaciones que les ayudaran a recordar los rumbos de navegación en diferentes momentos de la temporada, de manera similar a los egipcios, que agrupaban las estrellas en las figuras de los decanos. Blomberg y Henriksson calcularon mediante ordenador que a principios del siglo II a. C, en septiembre, Orión y Sirio habrían marcado la ruta desde Creta hasta el delta del Nilo. Ciertamente, en la época de Homero (alrededor del 700 a.C.), este método se describía ya explícitamente. En el poema épico la *Odisea*, Homero narra cómo el héroe Odiseo recibe el consejo de mantener las estrellas del oso (Osa Mayor) a su izquierda para navegar hacia el este.

Así explicado, parece totalmente plausible que los minoicos definieran nuestras constelaciones en algún momento del tercer milenio a.C. Sin embargo, un análisis más reciente de Bradley Schaefer, de la Universidad de Texas, sugiere otra ubicación y un origen más reciente.

Schaefer se concentró en las seis constelaciones más al sur en la representación griega del cielo nocturno y usó un ordenador para calcular la latitud más al norte desde la que se hubiera podido ver cada una de las constelaciones año por año, remontándose hasta el 3000 a.C. De su trabajo se dedujo inmediatamente que las seis constelaciones se podrían haber visto en el cielo desde una posición 30-34° norte alrededor del 900-330 a.C.[37]

Esto sugería que fue alguien en esa latitud y en esa época quien creó las constelaciones. No pudieron haber sido los griegos, porque el punto más al sur del país es el cabo Matapán, a 36,4° norte. Desde allí, estas constelaciones nunca se hubieran visto por encima del horizonte. Tampoco pudieron haber sido los minoicos, ya que Creta se encuentra igualmente fuera del ámbito de visibilidad, a 35° norte. Además, a partir de 1450 a.C. y tras una sucesión de desastres naturales —un terremoto y la erupción del volcán Monte Thera—, su civilización entró en declive. En su lugar, Schaefer apunta a Babilonia, que se encuentra a 32,5° norte y cuya época de esplendor duró hasta 540 a.C. aproximadamente.

Esta teoría no descarta la participación de los minoicos en la definición de nuestras constelaciones. Ellos pudieron haber comenzado el proceso de rellenar aquellas partes del cielo que el mito prehistórico no había tocado. Las constelaciones más al sur, concluye Schaefer, se habrían añadido como invenciones babilónicas más tardías. En esta versión de los hechos, el cielo nocturno tal y como lo concibieron Eudoxo y Arato fue una gran síntesis de ideas que habrían evolucionado durante milenios.

Independientemente del origen concreto de las constelaciones, una cosa queda clara: los decanos, las constelaciones zodiacales y las estrellas como herramientas de navegación demuestran que las constelaciones, en su mayor parte, no eran un libro de cuentos para el entretenimiento ocioso. Fueron definidas como un sistema de coordenadas celestes para registrar el paso del tiempo y para la navegación. Sin embargo, entrelazada con estos usos puramente prácticos, la idea religiosa de la importancia del cielo nocturno para el ser humano, y de que los dioses escribían mensajes allí arriba para que los interpretáramos, continuó creciendo.

Ya para los períodos clásicos griego y romano, que abarcaron desde el siglo VIII a. C. hasta el VI d. C., los aspectos prácticos y religiosos habían comenzado a fusionarse. Algunas de las estrellas más importantes empezaron a ser consideradas no solo como mensajeras, sino como causas de los acontecimientos que anunciaban. La relación que los minoicos establecieron entre Arturo y la navegación, por ejemplo, se transformó en un temor supersticioso a la tormenta, si la estrella era visible. En cuanto a Sirio, la estrella más brillante, se creía que su aspecto especialmente luminoso en los meses de verano aumentaba el poder del Sol, provocando que las temperaturas en la región mediterránea se dispararan. Sirio se encuentra en la constelación de Canis Maior, el gran perro, y de ahí nuestra expresión «canícula» en referencia a los días más calurosos del verano.

No es difícil entender cómo llegaron a pensar así, pues el sentido común nos permite determinar que el calor y la luz provienen del Sol, lo que demuestra que existe un vínculo físico real entre el cielo y la Tierra. Y con el florecimiento de las antiguas civilizaciones, intentar conciliar estos diferentes aspectos del mundo y buscar algo que uniera los dos reinos y nos enlazara más directamente con el cielo nocturno se volvió algo natural. De esta búsqueda surgió una teoría que dominó el pensamiento humano durante casi dos milenios y que sigue resultando cautivadora a día de hoy.

4

Los *magi*, los hombres sabios y los astrólogos

Al final del MUL.APIN, el catálogo de estrellas babilónicas del año 1000 a. C., se resume cómo aplicar el conocimiento astronómico a nuestro día a día. Se presenta en forma de presagios que se pueden leer a partir de la aparición de diferentes estrellas, planetas y fenómenos meteorológicos como los vientos repentinos. Estos textos son importantes porque de ellos se desprende que los babilonios habían desarrollado un sofisticado sistema de predicción basado en las posiciones de los objetos celestes. Al mirar el cielo nocturno, buscaban conocer el futuro. Había nacido la astrología.

La idea en la que se basa la astrología es que el estado del cielo nocturno tiene una doble influencia sobre la Tierra. Primero, influye en los fenómenos naturales. Segundo, da forma e influye en nuestras personalidades. A través del meticuloso estudio de estas relaciones, los astrólogos pretendían primero comprender esos vínculos, para luego usar ese conocimiento con la finalidad de predecir acontecimientos futuros.

Aunque hoy en día son muchas las personas que siguen sacando conclusiones de la lectura de sus horóscopos, desde el punto de vista académico la astrología es una disciplina desacreditada. En nuestro mundo científico moderno, hemos desarrollado instrumentos para medir todas las fuerzas que observamos en la naturaleza y, aun así, no hemos descubierto nada que demuestre estar bajo la influencia astrológica de los planetas. Por tanto, desde esta perspectiva moderna, se podría pensar que el desarrollo de la astrología fue un error en el que incurrieron mentes inferiores a las nuestras. Pero, una vez más, no debemos olvidar que el intelecto de los astrólogos babilónicos era tan agudo como el nuestro; lo único que les faltaba era conocimiento.

Por ejemplo, ahora sabemos que el viento sopla debido a la diferencia de la presión del aire entre dos ubicaciones geográficas,[38] pero los babilonios lo vieron de manera diferente. Su visión del mundo se basaba en la de los antiguos sumerios, para quienes las fuerzas de la naturaleza eran la encarnación de los dioses y estaban, por tanto, sujetas a la voluntad divina. En consecuencia, era lógico que los babilonios intentaran interpretar la voluntad de los dioses observando la naturaleza igual que observaríamos el comportamiento de una persona para determinar su estado de ánimo.

Alrededor del 650 a.C., el Imperio neobabilónico absorbió la cercana Caldea, y para entonces los astrónomos habían asumido ya, de forma clara, el papel de adivinos. La astronomía y la astrología se habían convertido en una sola disciplina y así seguiría siendo en gran medida en Europa hasta el siglo XVII. La astrología se practicaba sistemáticamente como una forma de mantener el cielo y la Tierra en equilibrio. De hecho, su práctica estaba tan extendida que ser llamado caldeo equivalía a ser llamado astrólogo.

En Babilonia, la primera luna nueva después del equinoccio de primavera marcaba el comienzo del nuevo año. Este primer mes se llamó Nisán, y con su llegada comenzaba el mayor festival del calendario babilónico. Conocido como Akitu, se trataba de un acontecimiento principalmente astrológico diseñado para reflejar la supuesta reunión de los dioses en el cielo, e incluía ceremonias en las que los sabios determinaban qué depararía el año entrante.

El Akitu duraba doce días y comenzaba con el recitado de varias oraciones y el mito de la creación babilónica, el *Enûma Eliš*. Se creía que era en el octavo día cuando los dioses se reunían y comenzaban a determinar cómo sería el año siguiente. En el undécimo día, los dioses tomaban sus decisiones, que se podían ver después reflejadas en las posiciones de los planetas. Ese mismo día, en la Tierra, los astrólogos presentaban sus interpretaciones del cielo, transmitiendo el mensaje divino al Rey y a su pueblo. Otros adivinos inspeccionaban las entrañas de animales sacrificados y lanzaban también sus pronósticos.

Como sucede con la religión, es evidente que, para cuando se inventó la escritura, la astrología estaba ya bien desarrollada. Por lo tanto, como en el caso del registro del paso del tiempo y la religión, las raíces de la astrología deben de remontarse a la prehistoria. De hecho, la creencia de que el cielo nocturno era portador de presagios —un conocimiento secreto que solo podía ser interpretado por individuos formados en artes especiales— va totalmente acorde con el pomposo desarrollo de las sociedades secretas del cielo de los cazadores-recolectores. En la época de los babilonios, la astrología también era inseparable de la religión. Podemos pensar en ella como una especie de «teoría del todo», un conjunto de ideas interrelacionadas que buscan explicar la forma en que el cielo y la Tierra funcionan juntos. No fue hasta que la religión empezó a preocuparse por la vida después de la muerte, como en Egipto, con el pesaje del corazón, que las dos ideas comenzaron a divergir y competir, como pronto veremos.

Hacia el 650 a.C., los babilonios habían recopilado siglos de predicciones astrológicas en una serie de setenta tablillas de piedra. Conocidas como *Enûma Anu Enlil* (En los días de Anu y Enlil), estos artefactos fueron hallados en el siglo XIX en las excavaciones de la Biblioteca de Asurbanipal, parte de la antigua Nínive, a las afueras de la actual Bagdad. La biblioteca estaba al servicio del rey Asurbanipal y contenía miles de tablillas de arcilla. En ellas se narraban, entre otras cosas, las historias de la epopeya de Gilgamesh y el *Enûma Eliš*. El *Enûma Anu Enlil* es una enorme obra de referencia. Contiene entre 6.500 y 7.000 presagios vinculados a una amplia variedad de fenómenos celestes y meteorológicos. El concepto es simple: se observa algo en el cielo —tal vez una fina luna creciente acercándose al luminoso planeta Júpiter— y a continuación se busca su significado en las tablillas. La *Enûma Anu Enlil* es, en pocas palabras, la primera enciclopedia astrológica de la historia.

Las primeras veintidós tablillas están dedicadas a observaciones de la Luna, que se asocian con la diosa Sin. En las siguientes catorce se registran fenómenos solares, que se relacionan con Samas, el dios Sol. Las trece que siguen detallan diferentes observaciones meteorológicas, mientras que las restantes enumeran diferentes alineaciones planetarias. Del total de setenta tablillas, la número 63 es especialmente conocida entre los eruditos porque es un claro compendio de veintiún años de información astronómica sobre el planeta Venus.

Después del Sol y la Luna, Venus es el objeto celeste que más brilla, pero su presencia no es constante. Da vueltas alrededor del Sol más cerca que la tierra, por lo que casi nunca aparece en una noche de cielo oscuro. Se hace visible e invisible mientras recorre su órbita de 225 días, pasando gran parte del tiempo demasiado cerca del Sol para ser observada a simple vista. Debido a la forma en que el movimiento orbital de la Tierra se combina con el de Venus, el planeta sigue un ciclo de visibilidad de dieciocho meses que los astrónomos llaman aparición.

La primera vez que Venus aparece en el cielo vespertino, lo hace durante aproximadamente un mes. Luego, su órbita lo lleva a colocarse entre la Tierra y el Sol, y se vuelve invisible por varias semanas hasta volver a aparecer como una inconfundible y luminosa «estrella» en el cielo matutino. Por eso, a Venus se le llama a veces la estrella vespertina o el lucero del alba. Se mantiene visible otras seis semanas más o menos, hasta que su órbita lo lleva a colocarse detrás del Sol y desaparece de nuevo, esta vez por un período mucho más largo. No vuelve al cielo vespertino hasta catorce meses después, completando así una aparición y comenzando otra.

La tablilla 63 del *Enûma Anu Enlil* registra veintiún años de este ciclo. Aunque las tablillas en sí fueron creadas alrededor del 650 a. C., los intentos de fechar su información astronómica indican que podrían referirse a apariciones de Venus ocurridas en algún momento entre 1700 y 1550 a. C. Esto apuntaría también a la existencia de una tradición astronómica de recopilación de conocimiento mucho más longeva que se transmitió a lo largo de los siglos.

La importancia de las tablillas *Enûma Anu Enlil* reside en que estas detalladas observaciones astronómicas reflejan claramente el trabajo de mentes analíticas, racionales e incluso científicas, independientemente de lo erróneo de intentar vincular dichas observaciones con fenómenos terrestres. Además, en este momento de la historia, en materia de religión, el animismo de los cazadores-recolectores ha dado paso a una filosofía conocida como «microcosmos-macrocosmos» o «así como es arriba, es abajo», cuya idea central es que los acontecimientos terrenales están reflejados en el cosmos. Y dado que la religión de la época decía que los humanos habían sido creados para hacer el trabajo de los dioses en la Tierra, nuestros antepasados necesitaban interpretar los mensajes de la naturaleza y actuar en consecuencia. De esta manera, se podía mantener el equilibrio entre el cielo y la Tierra. Si ignoraban los mensajes celestiales, el caos retornaría.

Así, se pensó que la práctica de la astrología mantenía en equilibrio el cielo y la Tierra y conducía al orden civil, la estabilidad política y la prosperidad económica. En la actualidad, poco ha cambiado, salvo que consideramos que el orden civil, la estabilidad política y la prosperidad económica son interdependientes y, por tanto, hemos abandonado en gran medida la idea de adorar a los dioses y a la naturaleza para que nos ayuden a lograr dicho equilibrio.

Una vez que los babilonios asimilaron la forma en que los ciclos celestes se correlacionaban con fenómenos naturales a gran escala, como las estaciones, comenzaron a observar también fenómenos cada vez más pequeños. Registraron minuciosamente sus observaciones del cielo nocturno y las correlacionaron con acontecimientos políticos y sociales, buscando patrones comunes. Esto los llevó a realizar sofisticados cálculos astronómicos y a convertirse en las primeras personas de la historia en utilizar las matemáticas en su análisis de la naturaleza de las que hay registros.

Además del seguimiento y análisis de la visibilidad de Venus, los babilonios calcularon cómo variaba la longitud del día a lo largo de las estaciones y presentaron métodos para calcular la salida y puesta de la Luna.[39] Las tablillas de arcilla halladas en las casas de los astrólogos que vivieron durante el primer milenio a. C. demuestran que cada vez se fiaban más de sus cálculos de movimientos planetarios que de sus observaciones del cielo.[40] En base a estos cálculos predecían las posiciones de los planetas en el cielo y usaban esa información para realizar sus cálculos y predicciones terrenales. Este grado de confianza en las matemáticas demuestra lo avanzados que estaban en astronomía y lo fiable que les parecía.

Los planetas ocupan un lugar especial en la astrología, porque no se elevan en sincronía con las estaciones, como las estrellas, ni siguen los meses de la Luna. Al contrario, siguen su propia agenda, desde el veloz Mercurio hasta el parsimonioso Saturno, pasando por todos los grados intermedios. Los babilonios asociaban cada planeta con un dios y pensaban que su configuración en el cielo era la manera principal que tenían los dioses de comunicarse con nosotros.

Cinco planetas son perceptibles a simple vista: Mercurio, Venus, Marte, Júpiter y Saturno. Aparte del Sol y la Luna (y los cometas, que veremos en el capítulo siete), los planetas son los únicos objetos celestes que cambian de posición respecto el inmutable telón de fondo de las estrellas.

Aun así, nunca se alejan de las constelaciones zodiacales mientras se persiguen unos a otros por el cielo. Ahora sabemos que esto se debe a que el sistema solar se creó a partir de un disco giratorio de material que fijó los planetas, incluida la Tierra, en más o menos el mismo plano orbital. Sin embargo, para las mentes curiosas del pasado, el hecho de que los planetas compartieran camino con el Sol y la Luna a través del cielo debió de constituir una «evidencia» de su importancia.

Para destacar la importancia religiosa de estas trayectorias celestes, los babilonios asociaron a Mercurio con Nabu, el dios de la alfabetización y la sabiduría; a Venus con Ishtar, diosa del amor, el sexo y el poder político; a Marte con Nergal, dios de la guerra y la pestilencia; a Júpiter con Marduk, el dios principal del panteón babilónico; a y Saturno con Ninurta, dios de la caza y la agricultura. De este modo, la astrología babilónica comenzó a enlazar los planetas con diferentes cualidades y personalidades.

El hombre responsable de consolidar la astrología en el mundo clásico fue Claudio Ptolomeo, un astrónomo del siglo II d.C. Después de escribir el *Almagesto*, su compendio de conocimiento astronómico, su siguiente trabajo consistió en una defensa y explicación de la astrología conocida como *Tetrabiblos*. Esta obra se convirtió en un texto muy influyente al que siguen haciendo referencia las páginas web astrológicas de la actualidad.

Con este libro, Ptolomeo intentaba presentar una teoría del todo basada en su fe en el microcosmos-macrocosmos, consistente en que «la mayoría de los acontecimientos de carácter general tienen su causa en los cielos que los envuelven».[41] Aunque él no fue el creador de todas las ideas del libro, sintetizó las tendencias generales de la época en un todo cohesionado y cambió de manera importante dónde se ponía el énfasis. Defendió la idea de que la astrología era una explicación natural tanto de las fuerzas de la naturaleza como de la personalidad humana y no un sistema de señalización sobrenatural para los dioses, reforzándola como algo separado de la religión.

En el *Tetrabiblos*, Ptolomeo establece primero la distinción entre astronomía y astrología. La primera, explica, está diseñada para desentrañar los ciclos celestes, las apariciones y desapariciones de los diversos objetos del cielo y sus movimientos. La segunda investiga después los cambios que estos movimientos provocan en la Tierra. La astrología es, en otras palabras, astronomía aplicada. Seguidamente, Ptolomeo presenta las pruebas que le llevan a pensar así.

Como todo el mundo sabe, el Sol es la mayor influencia en los ciclos diarios y estacionales de la Tierra. Es responsable del día y la noche y, como descubrieron los habitantes de las cuevas y los constructores de megalitos de la prehistoria, su rango diario de altitudes en el cielo determina las estaciones. Ptolomeo identificó qué ciclos naturales siguen a la Luna, como las mareas y el comportamiento de los animales, y concluyó que los efectos dominantes del Sol son atemperados por las posiciones lunares y planetarias. Estas últimas son a su vez transmitidas a la Tierra por los patrones climáticos de nuestra atmósfera. Luego afirma que, dado que los patrones climatológicos estacionales afectan claramente a la calidad y cantidad de cultivos, plantas y animales, es completamente razonable pensar que determinan también el crecimiento humano y la personalidad. Según su teoría, el «temperamento» del preciso momento en que nace un individuo está grabado dentro de él, y este temperamento está determinado por la posición de los planetas.

Lo más destacable de la obra de Ptolomeo es que plantea un vínculo estrictamente físico entre los planetas y el aire de la atmósfera terrestre. Ha eliminado de la ecuación la idea de la intervención divina. Lo hace basándose en el trabajo de los primeros filósofos griegos, conocidos hoy como los filósofos presocráticos. Vivían en Mileto, una ciudad griega de la costa de Anatolia (actual Turquía), y abrazaron las ideas del microcosmos-macrocosmos. Como resultado, reflexionaron sobre la temática doble de la naturaleza (macrocosmos) y la naturaleza humana (microcosmos), y comenzaron a separar la contemplación de la naturaleza de la religión. Lo hicieron buscando conexiones puramente físicas entre las cosas en lugar de atribuir los fenómenos naturales a la voluntad de los dioses.

A menudo se cita a Tales de Mileto como padre de la filosofía griega antigua. Propuso la idea de que tanto la Tierra como el cosmos estaban hechos de la misma sustancia.[42] Sugirió que la forma más básica de materia era el agua y que todo lo demás, desde las rocas hasta el aire y el fuego, también eran agua, solo que en diferentes formas o fases. Su contemporáneo Anaximandro planteó la existencia de una sustancia primaria separada que encarnaba las cuatro propiedades de la materia ordinaria: caliente y fría, seca y húmeda. La materia ordinaria se condensó a partir de esta sustancia primaria cuando sus cuatro diferentes y contradictorias propiedades se separaron. Un tercer miembro de la escuela de Mileto, Anaxímenes, volvió a la idea de una sustancia primaria, pero eligió que fuera el aire, que luego podía condensarse en agua y tierra o diluirse en nubes y fuego. En la época de Pitágoras, en el siglo VI a.C., la idea de los cuatro elementos clásicos —tierra, agua, aire y fuego— y sus propiedades asociadas —caliente, frío, seco, húmedo— era inamovible. Cada elemento estaba asociado con dos propiedades: la tierra es fría y seca, el agua es fría y húmeda, el aire es caliente y húmedo y el fuego es caliente y seco.

Pitágoras escribió también sobre la inmortalidad del alma humana o, en sus propios términos, la psique. Esto tuvo importantes consecuencias para la astrología, pues proponía un vínculo entre los reinos astronómico y psicológico, una idea que posteriormente retomó Platón. Nacido en Atenas a finales del siglo v, Platón fue alumno de Sócrates. Lo que distinguió a la escuela socrática fue que, en su contemplación de la naturaleza, introdujeron el debate sobre la correcta o incorrecta conducta humana. A raíz de esto se los conoce como filósofos morales.

Según la teoría de la psique de Platón, esta se originaba en los cielos como parte de una «alma del mundo» más extensa. Una vez unida a un cuerpo, le proporcionaba la fuerza que le daba la vida. Por consiguiente, mientras que el animismo postulaba que todo tenía un alma, en opinión de Platón solo los seres vivos la poseían. Como el filósofo creía que la psique humana era parte de una «alma del mundo» más grande, que existía desde antes de la creación del cosmos, eso significaba que el universo era un ser vivo. Esto sirvió a los filósofos morales para proponer que este universo viviente tendría por tanto un código moral, y que debía usarse para juzgar el comportamiento humano. También justificaba un vínculo astrológico entre planetas y personalidades, porque la psique se originaba en los cielos.

Ptolomeo usó todas estas ideas en su teoría de la astrología. Imaginó que la atmósfera de la Tierra se expandía hacia arriba, más allá de los planetas, hasta llegar a las estrellas. La Tierra era la fuente de humedad en el cosmos, el Sol era la fuente de calor y las estrellas eran frías y áridas. Las características únicas de cada planeta venían dadas por su distancia de estas fuentes. El orden establecido para los planetas clásicos era la Tierra, la Luna, Mercurio, Venus, el Sol, Marte, Júpiter, Saturno y las estrellas. Por lo tanto, se decía que Marte era caliente porque estaba al lado del Sol y bastante seco porque estaba lejos de la Tierra. Esta combinación lo convertía en una influencia colérica y daba lugar a cualidades como el liderazgo y la ambición. Al estar solo un poco más lejos del Sol y la Tierra, Júpiter regía sobre los individuos optimistas, extrovertidos y activos. Saturno era el planeta más distante tanto del Sol como de la Tierra, por lo que se veía privado de calor y humedad, lo que lo volvía melancólico, introvertido y proclive a las preocupaciones. El último tipo de personalidad en este esquema es el individuo flemático, gobernado por el cálido y húmedo planeta Venus, cómodamente situado entre el Sol y la Tierra. Estos individuos tienden a ser relajados y tranquilos.

Así surgió la teoría de que nuestras personalidades están definidas por la combinación de estas influencias en sus diferentes intensidades, resultantes de las innumerables configuraciones que los planetas pueden llegar a adoptar. Al presentar sus ideas, Ptolomeo reconoció que la astrología es propensa al error, pero lo atribuyó en cierta medida a la inexperiencia de quienes la practican.

También explicó cómo se podían usar los planetas para diagnosticar y tratar enfermedades. Esta es una idea que probablemente tiene su origen, una vez más, en la astrología babilónica. A finales del siglo IV a. C., vivía en la ciudad de Uruk un hombre babilónico llamado Iqīšâ. Las excavaciones realizadas en la que fue su casa demuestran que era un sacerdote *mašmaššu*, palabra que a menudo se traduce como «exorcista», pero que también podría responder a un oficio más amable, el de médico. Uno de los principales trabajos del *mašmaššu* era curar a las personas de sus enfermedades, que a menudo se creía que estaban provocadas por fantasmas o espíritus invasores. Se conseguía eliminarlos mediante un proceso que incluía la realización de rituales por parte del paciente y el consumo de preparados especiales de comida y bebida, precursores de la medicina.

Iqīšâ poseía más de treinta tablillas especializadas —el equivalente babilónico de los libros de texto—, algunas de las cuales describían cómo preparar los alimentos curativos necesarios en medicina. Cabe señalar que sus recetas dependían del día del año y no de los síntomas del paciente. Según estas tablillas, cada día del año estaba asociado con una posición en uno de los doce signos del zodíaco. Por ejemplo, el día cinco del cuarto mes babilónico se asoció con Tauro. Tratar a un paciente ese día quería decir untarlo con sangre de toro, alimentarlo con grasa de este animal y fumigar su casa con pelo de toro quemado. Si el tratamiento se aplicaba el segundo día del mes, asociado con capricornio, entonces el procedimiento era el mismo, pero utilizando sangre, grasa y pelo de cabra.

Pero el octavo día está asociado con Leo y el sistema se topa con problemas. La dificultad reside en que los leones habrían sido extremadamente raros en Babilonia. El arqueólogo John Steele de la Universidad Brown, en Rhode Island, sugiere que o este tratamiento era un sistema teóricamente perfecto que no podía llevarse a la práctica, o las asociaciones astrológicas eran meramente metafóricas y en realidad se referían a plantas y hierbas comunes. Si este es el caso, entonces los nombres astrológicos se utilizaron para mantener estos conocimientos en secreto, o los babilonios creían en las correspondencias entre las diversas plantas y las constelaciones.

Al mismo tiempo, en Grecia, el médico Hipócrates estaba popularizando un sistema de medicina claramente relacionado con lo anterior, basado en las ideas de microcosmos-macrocosmos. Hipócrates pensaba que, dado que el año está configurado por las cuatro estaciones en equilibrio y el mundo está formado por cuatro elementos, entonces el cuerpo debe de ser un equilibrio de cuatro sustancias. Las llamó humores. Es posible que la idea de los humores se originara siglos antes en el Antiguo Egipto, pero fue Hipócrates quien la convirtió en la teoría de la medicina que todavía hoy recordamos. En su libro *Sobre la naturaleza del hombre*, define los humores como sangre, flema, bilis amarilla y bilis negra. La idea fundamental era que las dolencias y las enfermedades se producen por deficiencias o excesos en estos fluidos. De esta forma, prescindía de la idea babilónica de fantasmas y espíritus, pero mantenía la noción de que los desequilibrios podían atribuirse a alineaciones no favorables de los planetas.

Se creía que esto era así porque, igual que los planetas, los fluidos corporales estaban asociados con cuatro tipos de personalidad —melancólica, colérica, flemática y sanguínea—. Aunque no se corresponde con ningún fluido corporal de los que conocemos hoy, se suponía que la bilis negra salía del bazo e inducía a la tristeza y la melancolía; correspondía al elemento tierra. La bilis amarilla era el equivalente al fuego y procedía del hígado; controlaba la irritabilidad y el comportamiento colérico. La flema correspondía al agua; provenía de la cabeza y llevaba a un comportamiento flemático y racional. Finalmente, la sangre venía del corazón y era el equivalente al aire, engendrando sentimientos que resultaban en un comportamiento optimista y sanguíneo. El equilibrio entre los humores podía restablecerse de varias formas. Una era comer los alimentos diseñados para ello.

Y mientras se pensaba que los planetas influían en nuestro temperamento a través de los humores, de los signos del zodíaco se creía que estaban relacionados con diferentes partes del cuerpo. Según esta idea, el cuerpo se divide en doce zonas, cada una de las cuales está vinculada a una de las constelaciones zodiacales. Aries era la cabeza y Piscis los pies, por ejemplo. De algunas tablillas babilónicas difíciles de interpretar se desprende que esta idea podría haber tomado forma en Mesopotamia hacia el año 500 a.C. Independientemente de la naturaleza completamente apócrifa de estas conexiones, la síntesis de la sabiduría astrológica de Ptolomeo resultó tan persuasiva que nuestra hipotética conexión con los planetas se asumió como cierta durante todo el período clásico. Este credo experimentó después un declive de más de cuatrocientos años, que comenzó en el siglo VI, con la caída del gran Imperio romano y la división de la mayor parte de Europa en reinos en guerra. Así se inició la Edad Media. Las tradiciones clásicas de la cultura, el arte y la ciencia fueron en gran parte pisoteadas, y la lucha por la supervivencia, a la orden del día, provocó su olvido y pérdida. Pese a ello, la astrología persistió gracias a que sus ideas se mantuvieron vivas en el mundo islámico.

El islam nació en el siglo VII en Oriente Medio bajo la influencia unificadora de Mahoma, considerado por los musulmanes como el último profeta enviado a la tierra por Dios. Lo que siguió fue una ola expansiva, que resultó en un imperio islámico que se extendía desde España y Portugal hasta las fronteras de China y el subcontinente indio, pasando por toda la costa mediterránea del norte de África y a través de Oriente Medio. Durante esta época de florecimiento, los textos clásicos se tradujeron al árabe, se incorporaron a la tradición académica y se ampliaron.

En el siglo VIII, bajo el mandato del califa al-Mamúm al Rashid, se construyó en Bagdad el primer observatorio astronómico del mundo financiado por un Estado. Con él, se inauguró una tendencia que se propagó por todo el mun-

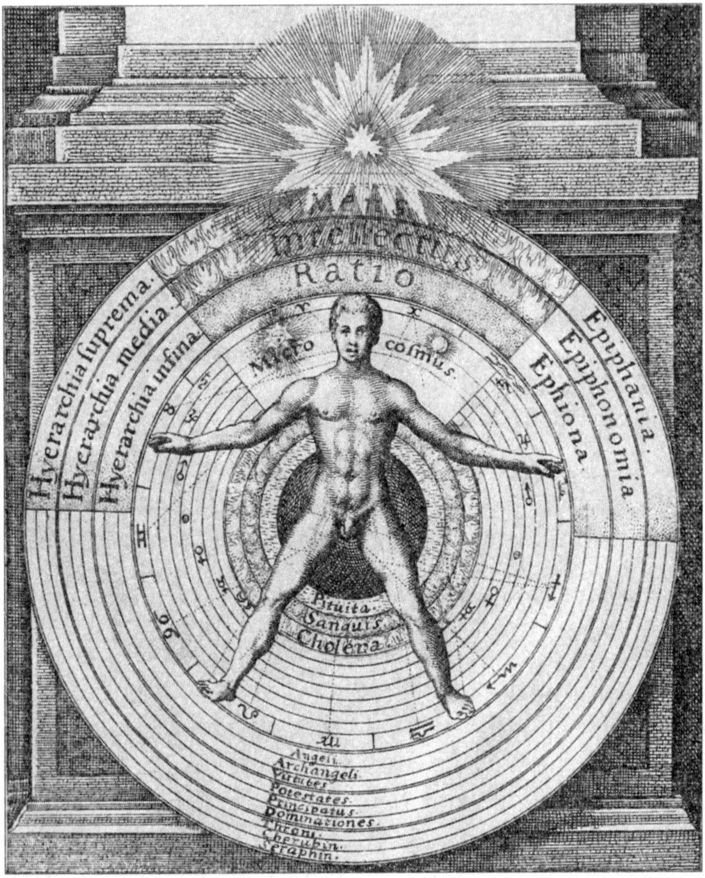

La portada de *Utriusque Cosmi Historia* de Robert Fludd (1574-1637) muestra a la humanidad como un microcosmos dentro del macrocosmos del Universo. (AF Fotografie / Alamy)

do musulmán. En el siglo x, Abd al-Rahman al-Sufi escribió *El libro de las estrellas fijas* (*Kitab suwar al-kawakib*), que incluía el catálogo de estrellas del *Almagesto* de Ptolomeo y describía sus constelaciones en términos árabes. Muchos de los nombres de estrellas que usamos hoy en día derivan de aquel libro. Los ejemplos incluyen Algol («el demonio», bautizada así posiblemente por ser la estrella cuya luminosidad más varía en pocos días); Deneb, «la cola» (de Cygnus); y Rigel, «el pie» (de Orión). Estos nombres llegaron al mundo occidental en los últimos siglos de la Edad Media, desde aproximadamente el siglo x hasta el xiii.

Uno de los factores más importantes en esta «transmisión» fue el trabajo de la Escuela de Traductores de Toledo, en los siglos xii y xiii. Se trataba de un grupo de eruditos de Toledo, que había sido parte del imperio árabe pero había vuelto a manos españolas en 1085. En lugar de saquear las bibliotecas, las autoridades de la ciudad protegieron a las comunidades musulmanas y valoraron y cuidaron sus libros. La escuela tradujo muchos manuscritos perdidos de la época clásica, incluido el *Almagesto* de Ptolomeo, revitalizando el pensamiento medieval y propiciando un gran interés por la sabiduría clásica. Esto condujo al Renacimiento en Europa y dio pie a un resurgimiento del interés por las ideas del microcosmos-macrocosmos y la astrología.

El *Tetrabiblos* de Ptolomeo fue traducido al latín en 1138 e influyó profundamente no solo en el resurgimiento de la astrología, sino también de la medicina, campo en el que las antiguas ideas astrológicas se retomaron con entusiasmo. Se convirtió en un hecho aceptado que un diagnóstico médico correcto requería analizar la alineación de los planetas y las constelaciones, para saber cuál de los cuatro humores estaba desequilibrado y en qué parte del cuerpo se estaba produciendo ese desajuste. Con el fin de poder localizar rápidamente los planetas, los médicos comenzaron a llevar consigo almanaques de consulta plegables.

Aunque el uso de estos almanaques debió de estar muy extendido, quedan muy pocos ejemplares. Se conocen únicamente unos treinta en todo mundo. La Wellcome Library de Londres tiene en su haber uno particularmente hermoso del siglo XV.[44] Escrito en latín, combina un calendario con tablas astrológicas y se pliega como un mapa. Una vez plegado, el almanaque es del tamaño de la palma de una mano y cabe en una funda de seda verde y rosa con adornos que luego se engancha al cinturón de una persona. La pieza central de este y otros almanaques es el dibujo del «hombre del zodíaco»: una representación de la figura humana con los diversos signos del zodíaco superpuestos.

La práctica de sangrar a un paciente fue creada para liberar los humores excesivos que causaban la enfermedad. Para decidir dónde hacer el corte, el médico solo tenía que consultar el almanaque. Una vez identificado el humor desequilibrado, el curandero renacentista buscaba en el cielo la posición del planeta que lo regía. Cuando había podido determinar en qué signo del zodíaco se encontraba, consultaba el diagrama del hombre del zodíaco para comprobar a qué parte del cuerpo correspondía y era ahí donde se hacía el corte.

Más allá de la medicina, los astrólogos se estaban convirtiendo también en los terapeutas de su época, asesorando a sus clientes sobre cómo dar sentido a sus vidas. Esto se conoció como astrología electiva. Era habitual que una persona acudiera al astrólogo cuando tenía que tomar una decisión importante en su vida. Por ejemplo, ¿debería pedir matrimonio a la persona de mis sueños? ¿Debería concebir un hijo? ¿Debería atacar a mi enemigo? El astrólogo armaba el horóscopo del cliente en el momento de su nacimiento, para observar después la posición de los planetas en aquel instante y, en base a todo ello, aconsejaba si era o no el momento propicio para la acción.

En aquella época, la convicción de que las estrellas podían influir directamente en nuestras vidas era tal, que los temas celestiales permeaban las conversaciones cotidianas. La astrología alcanzó su apogeo en Inglaterra en el siglo XVII, cuando la recién inventada imprenta permitió que los almanaques baratos inundaran el mercado. Estas publicaciones ofrecían de todo, desde información práctica y útil como las fases de la Luna, que permitía planificar actividades al aire libre, hasta consejos de «autoayuda» sobre cómo vivir una vida mejor el año siguiente en función de las posiciones de los planetas. En 1622, un almanaque se jactaba de contener:

Ingenio, aprendizaje, orden, elegante prosa,
salud y el arte de alargar nuestros días,
filosofía, física y poesía,
todo esto, y más, en este libro encontrarás.

En la década de 1660 circulaban un total de cuatrocientas mil copias de estos almanaques en Inglaterra, lo que significa que una de cada tres familias había comprado uno.[45] Y con ello, esta disciplina se colocó en pleno rumbo de colisión con la Iglesia de Inglaterra. La relación entre el cristianismo y la astrología siempre ha sido incómoda, sobre todo por la dificultad de conciliar la creencia en el libre albedrío con la noción de que las acciones humanas están determinadas por la posición de los planetas. De hecho, en el Levítico —uno de los libros más antiguos de la Biblia—, se prohíbe expresamente a los seguidores de Dios practicar la astrología o cualquier otra forma de adivinación.

Pero, en este asunto, la Biblia es contradictoria. En el Nuevo Testamento, el Evangelio de Mateo describe el nacimiento de Jesús afirmando que tres «hombres sabios» o reyes fueron alertados de su llegada y guiados al pesebre por la estrella de Belén que Dios había puesto en los cielos. Es evidente que se trató de un fenómeno astrológico y que la palabra original usada para los hombres sabios fue *magi*, el plural de *magus*. Se trata de un término polémico. En su forma griega original, se refería a los seguidores de Zoroastro, el creador de una de las primeras religiones monoteístas, que se asentó en lo que hoy es Irán. De hecho, de los *magi* bíblicos se dice que proceden del este. En siglos posteriores, sin embargo, el término pasó a significar astrólogo o practicante de las artes ocultas. La palabra *magia* deriva de esta raíz.

Se comenzó a hablar de los *magi* como reyes en el siglo III, cuando los teólogos señalaron que, de ser reales, su aparición en el pesebre cumpliría una profecía hecha en el Salmo 72 que decía que todos los reyes adorarían a Jesús. Pero fue la Biblia del rey Jacobo de 1611 la que los consagró como «hombres sabios», más que astrólogos. Para entonces, en Gran Bretaña la astrología había cautivado a la población de tal manera que representaba una amenaza para la autoridad de la Iglesia, y había que hacer algo.

El rey Jacobo de Inglaterra ordenó que se tradujera la Biblia del latín al inglés para que la gente común pudiera finalmente leer el libro sagrado en lugar de confiar únicamente en la palabra de los clérigos. Los traductores cambiaron cada mención de *magus* por «mago» o «hechicero» para contribuir a demonizar su práctica. Solo hubo una excepción: los tres *magi* que visitan a Jesús para adorarlo se transforman en «hombres sabios».

El cristianismo no fue la única religión que tuvo problemas con la astrología. Ibn Qayyim al-Jawziyyah, un teólogo islámico del siglo XIV, reprobó el tema junto con otras prácticas ocultas en una vituperación de doscientas páginas llamada *Miftaḥ Dār al-Sa'ādah*. El autor pensaba que el universo que nos rodeaba era un regalo de Dios y un signo de Su perfección cósmica para poner orden en el caos. Que un humano creyera poder entender siquiera la más mínima parte de todo ello era una locura.[46]

Los que consideraban que las personalidades humanas provenían de las estrellas eran, según al-Jawziyyah, «las personas más ignorantes, más equivocadas y alejadas de la humanidad». De hecho, sostiene que los astrólogos son peores personas que los infieles, en referencia a los cristianos. Uno de sus más extravagantes argumentos es que si las estrellas y los planetas tuvieran algún tipo de inteligencia o ingenio, seguramente lo utilizarían para abandonar sus órbitas preestablecidas. Probablemente no lo hacen, añade, porque están sujetos a la voluntad del Todopoderoso. Más adelante aporta un argumento más convincente, al preguntarse por qué los gemelos que nacen separados por un instante pueden tener diferentes personalidades.

Tras gozar de siglos de una posición dominante, la astrología se desmoronó como disciplina académica a finales del siglo XVII. Al menos en Inglaterra, esto se debió, en parte, a su papel en la guerra civil. Esta se libró de 1642 a 1651, período durante el que se ejecutó al rey Carlos I y Oliver Cromwell fue nombrado lord protector de Inglaterra. Este coqueteo con la república terminó en 1660, cuando el hijo de Carlos I fue invitado a volver del exilio y coronado como Carlos II. Durante la contienda, los astrólogos de ambos bandos se afanaron en predecir una victoria aparentemente escrita en las estrellas, pero los del lado republicano fueron los más vociferantes y exitosos; al fin y al cabo, su bando ganó. El poeta John Milton expresó esta guerra propagandística en términos celestiales:

Entre las constelaciones se desencadenó la guerra,
dos planetas corriendo, de aspecto maligno
de la más feroz oposición en medio del cielo,
deberían combatir, y sus esferas discordantes confundir.

Cuando se restauró la monarquía, la astrología quedó desprestigiada en Inglaterra, pues se la asociaba con las predicciones de derrota de los monárquicos. En el resto de Europa, los tiempos también estaban cambiando. El empirismo, que defendía una cuidadosa observación y medición de la naturaleza, comenzaba a reemplazar a la filosofía del microcosmos-macrocosmos.

Sin esta la filosofía como sustento, la astrología estaba condenada al fracaso. Aun así, incluso hoy en día nuestra lengua está plagada de referencias al cielo nocturno que provienen de la astrología. En cierta ocasión, los astrólogos usaron la palabra *lumbrera* para referirse al Sol o a la Luna, las principales influencias astrológicas. Ahora hace referencia a una persona con el poder de inspirar o influir en otros, debido a su gran conocimiento o a su posición. Seguimos diciendo que la buena suerte nos llega cuando «los astros están alineados» y continuamos describiendo a las personas en términos astrológicos. Se puede ser saturnino, es decir, lento y apesadumbrado; mercurial, que significa impredecible; jovial, que significa alegre y amistoso; o marcial, que significa belicoso.

Debilitada por los ataques de la Iglesia, el hundimiento de la astrología en el siglo XVII nos llevó a un momento clave en nuestra relación con el cielo nocturno del que, según algunos filósofos, todavía nos estamos recuperando. Pero para comprender lo inevitable de este cambio radical, tenemos que retroceder en el tiempo una vez más —hasta los filósofos clásicos del siglo VI a. C.— y seguir una línea de pensamiento paralelo, que intentó, también, extraer un significado del cielo nocturno. Y aunque también ha sido dejada de lado en tiempos modernos, dio lugar a una de las imágenes más imperecederas del cielo cristiano: el querubín tocando el arpa.

5

La música de las esferas

En el siglo VI a. C., el gran filósofo Pitágoras creó una escuela secreta dedicada al intelectualismo. La hermandad pitagórica creía que uno de los objetivos de la vida era purificar el cuerpo y el alma para que nuestro espíritu eterno pudiera volver a los cielos cuando nuestro tiempo en la Tierra terminara. En esa búsqueda, cuanto más sabía uno sobre la perfección cósmica del cielo nocturno, más ordenada se volvían la propia vida y pensamiento, y mejor preparado estaba el espíritu para volver a las estrellas después de la muerte. En conclusión, Pitágoras pensó que nuestro estudio de ese cosmos perfecto nos permitiría llegar a ser perfectos nosotros mismos y, en última instancia, indistinguibles de los dioses. Pero ¿cómo podemos llegar a comprender de verdad los cielos cuando todo lo que podemos hacer es mirarlos con asombro y maravillarnos ante su incesante movimiento?

Según la leyenda, Pitágoras tuvo su revelación al pasar frente a una herrería, frente a la que se detuvo en seco al oír el sonido de martillos contra yunques. Cada uno de esos martillos a manos de los herreros producía una nota musical diferente y algunos pares se combinaban creando una agradable consonancia, mientras que otros eran desagradablemente disonantes. Presa de la curiosidad, Pitágoras se apresuró a entrar en la herrería para investigar.

Una vez dentro, descubrió que los diferentes sonidos eran producidos por martillos de diferente peso. Hizo que los herreros golpearan los martillos en sus diversas combinaciones, para ver qué pares producían consonancia y cuáles disonancia. De esta manera, Pitágoras identificó los intervalos musicales consonantes: la octava, la quinta perfecta y la cuarta perfecta. Al examinar los martillos se asombró al descubrir que existían relaciones matemáticas sorprendentemente simples entre los martillos que producían esos intervalos. Para la octava, un martillo pesaba la mitad que el otro; para la quinta perfecta, un martillo pesaba dos tercios del otro; y la cuarta perfecta se producía cuando un martillo pesaba tres cuartas partes del otro.

El problema de esta historia es que no es cierta.

A Pitágoras se le atribuyen muchas ideas. Pero como ninguna de sus obras ha llegado hasta nuestros días en forma escrita, solo podemos conocer su pensamiento, sus métodos y sus conclusiones a través de las obras de otros. La versión más antigua que se conoce de la historia de los martillos la encontramos en los escritos de Nicómaco, un matemático de la Siria romana (actual Jordania), del siglo II. La principal dificultad que plantea es que el peso de los martillos no afecta el tono. Sin embargo, si cambiamos los martillos y yunques por cuerdas tensadas de diferentes longitudes, estas relaciones matemáticas se pueden demostrar. De hecho, esto es justo lo que sucede en la siguiente y más creíble parte de la historia, donde se dice que Pitágoras se apresuró a volver a casa para comenzar sus propios experimentos.

Construyó un instrumento conocido como monocordio, una sola cuerda suspendida sobre una caja de resonancia. En un extremo, la cuerda está sujeta a un puente fijo, y en el otro, a una clavija de afinación que permite tensarla. En medio hay un puente móvil con el que se puede modificar la longitud de la cuerda y, por lo tanto, el tono de la nota que se produce al pulsarla.

En comparación con el tono de la cuerda al aire, el puente móvil colocado a mitad de su longitud produce la octava; colocándolo a dos tercios de dicha longitud se obtiene la quinta perfecta, y a tres cuartos, la cuarta perfecta. El hecho de que proporciones tan simples como estas —1:2, 2:3 y 3:4— dieran los intervalos musicales más consonánticos supuso una auténtica revelación para Pitágoras. De hecho, el descubrimiento parecía probar un principio en el que él y sus seguidores habían basado su filosofía: que la naturaleza era la encarnación de relaciones numéricas.

En la escuela se nos enseña el teorema de Pitágoras de los triángulos rectángulos, según el cual la suma de los dos lados más pequeños al cuadrado es igual al cuadrado del lado más largo, la hipotenusa. Además de ser un buen truco con triángulos, revela algo extraordinario de la naturaleza: que las formas y estructuras son la realidad física de relaciones numéricas que de otro modo no se ven. Por tanto, si traducimos la naturaleza a números, podemos investigar estas relaciones numéricas. Es lo que hizo Pitágoras con el monocordio al medir la posición del puente a lo largo de la cuerda.

La creencia pitagórica en la importancia primordial de los números se expresa en la frase que ahora resume su filosofía: «todo es número». Es la idea de que, sin relaciones numéricas que definan su forma y tamaño, un objeto simplemente no puede existir. En otras palabras, el reino abstracto de los números es más importante que el físico. Hoy en día la creencia que sustenta toda la ciencia moderna es que la naturaleza es comprensible gracias a su conversión en números por medio de la medición, y luego, gracias al análisis de esos números en el que encontramos las relaciones matemáticas, que ahora llamamos las leyes de la física.

Los descubrimientos de Pitágoras con el monocordio lo llevaron a creer que la música era un sistema unificador que podía aplicarse a toda la naturaleza. Tanto él como sus seguidores pensaban que los números pares e impares eran cosas en esencia diferentes. Los números impares representaban limitaciones y moderación y, por lo tanto, se consideraban buenos, mientras que los números pares representaban cosas ilimitadas y se consideraban malos, dado que un comportamiento sin límites puede llevar a la ruina. La escuela pitagórica postulaba que solo la música tenía el poder de unirlos y convertirlos en algo hermoso, armonioso. Su razonamiento consistía en que cada una de las proporciones que definían los intervalos consonánticos contenía un número par y otro impar: 3:4 para la cuarta perfecta, 2:3 para la quinta perfecta, 1:2 para la octava. En otras palabras, la música puso orden y aportó equilibrio a lo que los pitagóricos veían como cantidades diametralmente opuestas.

El concepto de equilibrar opuestos abunda en toda la filosofía pitagórica. En el trabajo de uno de sus seguidores, Filolao, el cosmos y todo lo que hay en él se puede dividir en limitadores e ilimitados. Los objetos celestes, con su forma y estructura bien definidas, son limitadores, mientras que los vastos reinos sin fronteras del espacio y el tiempo son ilimitados. Y para unirlos, Pitágoras se fijó una vez más en la música.

Observó que un sonido se vuelve musical solo si es precedido o seguido por otro, o se produce simultáneamente. Nuestro oído analiza la diferencia entre las dos notas —el intervalo— y decide si lo encuentra consonante y agradable o disonante y desagradable. Es entonces cuando el intervalo se puede escribir matemáticamente. Después de reflexionar sobre cómo aplicar esto a los cielos, propuso la *musica universalis*; la música de las esferas. Igual que las diferentes notas de la escala se obtienen colocando el puente móvil del monocordio en diferentes puntos a lo largo de la cuerda, los diversos objetos celestes están todos posicionados a diferentes distancias de la Tierra. Así, Pitágoras imaginó que cada planeta emitía una nota ajustada a su distancia de la Tierra, y que juntos sonaban en gran armonía universal.

Como muchos otros de su tiempo, Pitágoras pensaba que la Tierra era el centro fijo del universo y que todo giraba alrededor de nuestro mundo. Dado que las estrellas son los objetos más alejados de la Tierra, equiparó su distancia a una octava. Luego representó cada uno de los otros objetos celestes como notas en la escala, separadas por un intervalo musical. En la música occidental actual tendemos a usar escalas de siete notas separadas por semitonos o tonos. Un tono está compuesto por dos semitonos y el patrón de semitonos y tonos determina si la escala es mayor o menor.

La escala de Pitágoras tenía una nota para representar cada uno de los objetos celestes: la Tierra, la Luna, Mercurio, Venus, el Sol, Marte, Júpiter, Saturno y las estrellas. Esto la convertía en una escala de ocho notas, con un patrón de intervalos de tono, semitono, semitono, tres semitonos, tono, semitono, semitono, semitono. Juntos, estos intervalos suman los seis tonos (o doce semitonos) de una octava. Confieren una desasosegante sensación de clave menor a la escala y, si todas esas notas sonaran juntas, el resultado sería cualquier cosa menos armonioso.

Y así comenzó una odisea que duró cerca de dos mil años. El concepto de la música de las esferas y la búsqueda de la armonía universal se exploró y amplió, se perfeccionó y se adornó antes de ser finalmente abandonado, conforme la ciencia propiamente dicha fue adquiriendo importancia. Para una mente moderna, el error reside en creer que el equivalente matemático de los intervalos musicales es la única relación numérica que pueden tener en la naturaleza objetos a diferentes distancias. Pero para Pitágoras, la música fue el primer elemento natural capturado en forma de números y dio por hecho que el universo se tendría que haber creado para reflejar tan hermosa armonía natural.

Esta idea apareció dos siglos después en la *República* de Platón, que asimiló muchas de las enseñanzas de Pitágoras y, en su obra maestra, presentó la música de las esferas como el gran principio organizador detrás de los movimientos del cielo nocturno. Para evitar que sonara demasiado árido, lo fusionó con su teoría del alma y la idea de un Dios moralizante que decide nuestro destino y luego disfrazó todo el asunto como un mito en el que se libra una tremenda batalla.

El guerrero Er lucha por salvar su vida contra pronóstico. Cuando sucede lo inevitable, su cuerpo cae al suelo; sin embargo, en los días siguientes, no muestra signos de descomposición. Al duodécimo día, después de haber sido trasladado a la pira funeraria, Er abre los ojos. Por arte de magia, su alma ha retornado a su cuerpo, vuelve a estar vivo y tiene una historia que contar.

Ha visitado el más allá y ha visto los vínculos entre el cielo y la Tierra. Ha sido testigo de cómo las almas son juzgadas y recompensadas, o castigadas por su comportamiento terrenal. Aquellas que han cometido pequeñas ofensas son llevadas al inframundo, donde se les obliga a expiar diez veces sus crímenes. Los buenos ascienden y son recompensados. Luego, ambos grupos se vuelven a unir y se pide a cada alma que elija una nueva vida para que pueda reencarnarse y regresar a la Tierra.

Antes de su regreso, se les muestra la verdadera disposición del cosmos. En su centro se encuentra un huso sostenido por Ananké, la deidad griega de la inevitabilidad, la compulsión y la necesidad. Alrededor del huso están las órbitas de los planetas, todas mantenidas en movimiento por las tres Moiras, que se sientan junto a Ananké. En cada órbita, una sirena canta una única nota pura dependiendo de lo rápido que las Moiras estén haciendo girar la órbita. Juntas, esas notas se entremezclan formando la serena armonía de la música de las esferas.

Entonces se pide a las almas reencarnadas que beban del río del olvido. Al quedarse dormidas, olvidan su juicio completamente y, en lugar de despertarse en los cielos, se reencarnan de vuelta en la Tierra. Pero el destino de Er es otro; en lugar de ser juzgado, se le dice que observe y transmita su nuevo conocimiento a la humanidad.

Plasmado de esta manera, es fácil olvidar que la *musica universalis* fue un intento serio y fundado de investigar la naturaleza y, si bien se desarrolló mucho antes de que el método científico fuera reconocido, tiene la mayor parte de su sellos distintivo.

Lo que ahora llamamos ciencia fue codificado durante los siglos XVI y XVII. Se basa en el desarrollo de claras relaciones matemáticas entre un sistema de objetos o fenómenos naturales. Estas relaciones se utilizan después para plantear una hipótesis que busca describir el sistema como un todo. Y la hipótesis se usa después para realizar predicciones sobre cómo se comportará ese sistema en una situación aún desconocida, predicciones que se ponen a prueban mediante la observación o la medición. Si se demuestra que las predicciones son ciertas, la hipótesis pasa a llamarse teoría. Si las predicciones fallan, la hipótesis se ajusta y el proceso comienza de nuevo. Este es, en pocas palabras, el método científico.

En el caso de la música de las esferas, las relaciones matemáticas eran las que Pitágoras había demostrado existían en los intervalos musicales consonantes. La hipótesis era que los objetos celestes se encontraban ubicados a distancias que se correspondían con notas en una escala musical. Y los cálculos para determinar qué nota emitía cada planeta se podrían considerar las predicciones a comprobar.

En los primeros escritos sobre este tema, Pitágoras y sus seguidores se ocuparon exclusivamente de los intervalos, la relación o distancia entre las notas que representan los objetos celestes. Por ejemplo, se dice que Pitágoras calculó que la Tierra y la Luna están a 126.000 estadios de distancia, siendo un estadio 625 pasos. Y estableció esta distancia como el equivalente celeste de un tono. Aunque se trata, indudablemente, de un buen comienzo, la pregunta que realmente precisa respuesta es: ¿qué tono emite la Luna? El primer intento de asignar verdaderos valores de notas a los objetos celestes del que hay registro proviene de Nicómaco en su libro *Manual de armonía*.

Su escala planetaria se basa en una secuencia de siete notas que comienza en re y desciende por las notas naturales, a excepción de si, que se baja un semitono. Nicómaco sabía que cuanto más rápido vibra una cuerda, más alto es el tono que emite, y asignó las notas más altas a los objetos celestes que más rápido se movían. Así, la Luna era re.

Pero esta hipótesis no es válida, porque si estas notas se tocaran juntas, el acorde resultante sonaría tremendamente disonante.[47] Quizá por esta razón otros recurrieran a uno de los pilares fundamentales de la teoría musical griega: el gran sistema perfecto.

Consistía en una secuencia de notas que cubrían dos octavas y en la que se fijaba el tono de parte de ellas, mientras que otras podían afinarse a oído según el gusto personal del músico. A los objetos celestes se les asignaron notas fijas, una cuarta perfecta o un tono por encima o por debajo de esta, lo cual puso mayor distancia armónica entre ellas, haciendo que el acorde resultante sonara algo más consonante.

Y en otro sistema diferente, Ptolomeo, el autor del *Almagesto*, no solo incluyó los objetos celestes, sino que dividió la Tierra en sus cuatro elementos clásicos: tierra, agua, aire y fuego, y propuso que también ellos tuvieran un significado musical. En el *Timeo*, Platón redactó algunas frases enrevesadas que los académicos han interpretado como una secuencia de intervalos para los planetas. Están basados en los intervalos perfectos de Pitágoras, de modo que de la Luna al Sol es una octava; del Sol a Venus es una quinta; de Venus a Mercurio es una cuarta; de Mercurio a Marte es una octava; de Marte a Júpiter es un tono (es decir, la distancia entre una cuarta y una quinta); y de Júpiter a Saturno es una octava y una quinta. Abarca más de cinco octavas y es bastante consonántico.

Cuando se toma contacto por primera vez con estas ideas, es tentador descartarlas a todas como conjeturas, pero en realidad son solo hipótesis que rivalizan entre sí y deben probarse. Incluso hoy en día, astrónomos modernos versados en el método científico desarrollan ideas que compiten las unas con las otras para explicar observaciones desconcertantes y después llevan a cabo nuevas observaciones para decidir cuál es la correcta.[48]

En la música de las esferas había algo que a los filósofos clásicos les parecía hermoso y, por tanto, correcto, y que afianzaba su fe en ella, aunque cada vez era más evidente que la idea era demasiado simplista. Los astrónomos, por ejemplo, tenían cada vez más claro que el movimiento de los planetas era más complicado de lo que se pensaba. Los planetas no se mueven a velocidades constantes noche tras noche, sino que aceleran y desaceleran. En ocasiones, lo hacen hasta el punto retroceder sobre sus pasos, para reanudar su movimiento hacia adelante después. Las diversas escalas y esquemas de armonía celeste no incluyeron nada sobre este comportamiento. Si bien esto hubiera significado la sentencia de muerte de la idea según los estándares científicos de hoy en día, en aquel momento la ciencia estaba dando sus primeros pasos y la importancia de la demostración aún no se acababa de entender del todo.

Platón llegó a desaconsejar poner a prueba la música de las esferas, diciendo que los astrónomos y los músicos se estaban tomando sus áreas de trabajo demasiado literalmente. Creía que el conocimiento verdadero existía solo en forma de relaciones matemáticas abstractas que nunca podrían ser verificadas a través de la experimentación o la observación. En la *República*, escribió: «Estos bordados que hay en el cielo están bordados en lo visible y, aunque sean los más bellos y perfectos de su índole, les falta mucho en relación con los verdaderos, así como de los movimientos con que, según el verdadero número y las verdaderas figuras, se mueven la rapidez y la lentitud reales, en relación una con otra y moviendo lo que hay en ellas».

En otras palabras, no importa lo mucho que observemos el universo o con cuánta atención escuchemos música, nuestras perfectas teorías matemáticas nunca se traducirán en realidad física porque la materia, de alguna manera, las corrompe. Este argumento se convirtió en una piedra angular del pensamiento clásico. Las obras del filósofo Aristóteles del siglo IV a. C. enseñaron que los cielos eran perfectos y la Tierra, corruptible. Esto derivó en la idea de que los objetos celestes estaban hechos de una sustancia perfecta: un quinto elemento llamado quintaesencia o éter. Este creaba objetos celestes perfectamente esféricos que seguían trayectorias perfectamente circulares y emitían música perfectamente armoniosa.

La idea de la música de las esferas se mantuvo vigente durante todo el período clásico, pero languideció y dejó de desarrollarse hasta el siglo VI, a comienzos de la Edad Media. Durante esta época de transición, solo un puñado de personas se aferraron a las viejas formas de conocimiento. Uno de ellos fue el filósofo Anicio Boecio. Nacido en el seno de las clases dominantes de Roma en 477, Boecio se convirtió en uno de los filósofos medievales más influyentes. Su libro *Formación de la música* repasa en detalle el debate musical del anterior milenio y se convirtió en la referencia musical estándar de los mil años siguientes. Transfirió la idea de la música de las esferas de los filósofos a los teóricos de la música y preparó el terreno para volver a intentar explicar de manera plausible la astrología.

En su libro, Boecio agrupa la música en tres categorías. De ellas, hoy en día solo identificamos una como música: *musica instrumentalis*. Es la música producida por los seres humanos, ya sea con instrumentos o voces, y según Boecio es la forma más baja de música, porque constituye un intento intrínsecamente imperfecto de capturar la pureza de la música que se da de forma natural en los cielos. No solo eso, sino que la persona que toca el instrumento encarna la forma más baja de músico, porque no entiende necesariamente lo que está haciendo; es poco mejor que un dispositivo que lee un manuscrito y produce mecánicamente un sonido. El compositor está a un nivel intelectual ligeramente superior, porque, para empezar, ha imaginado la música, pero ni siquiera esto garantiza que entienda lo que está haciendo.

Por extraordinario que parezca el concepto hoy en día, Boecio definió al verdadero músico como la persona que se sienta entre el público, escucha la música y la entiende. Esta elevación de la música a disciplina intelectual conduce a sus otras dos categorías, en las que la música se usa de forma totalmente intelectual más que por el placer de escuchar una buena melodía. La cúspide es la *musica mundana*, la música de las esferas, y justo debajo está la *musica humana*, la música interior del cuerpo humano.

Al disertar sobre la *musica mundana*, Boecio da respuesta a una pregunta planteada de forma insistente en torno a este tema desde su concepción: si la armonía universal era o no audible.

Se dice que, al concebir esta idea, Pitágoras afirmó poder escucharla. Sin embargo, es evidente que el resto no podemos. Sus seguidores sugirieron que esto se debía a que nos hemos acostumbrado tanto a la música que ya no somos conscientes de ella de forma constante. Otros pensaron que la música era completamente teórica. Incluso si las proporciones matemáticas que producían intervalos musicales consonantes eran aplicables a las distancias de los planetas, eso no significaba que se produjeran notas reales.

Aristóteles argumentó que el tamaño y la velocidad de los objetos celestes deberían producir sonidos muy fuertes que arrastrarían una inmensa fuerza. Y añadió que, dado que el ruido excesivo podía romper objetos sólidos, la larga existencia de la Tierra contradecía la idea de que la música real provenía del universo. A su vez, Cicerón consideraba que los oídos humanos simplemente no estaban equipados para oír dicha música, de la misma manera que nuestros ojos no están equipados para mirar directamente a la cegadora luz del Sol.

En *Formación de la música*, Boecio concluía que los sonidos eran reales pero inaudibles. Proponía que, aunque no podemos oír la música de las esferas, la naturaleza resuena con la canción. Y que esta es justamente la razón del cambio de estaciones. Todo esto representa un cambio importante en el papel otorgado a la música de las esferas. En un comienzo, dicha teoría solo explicaba las distancias entre los planetas. Ahora Boecio proponía que la música de las esferas era el medio astrológico a través del cual los planetas influyen en la Tierra.

La idea de que las estaciones estaban relacionadas con la música se remonta al Antiguo Oriente. Los chinos definieron una secuencia de cuatro notas, fa, sol, do y re, que supuestamente se correspondían con el otoño, el invierno, la primavera y el verano. Cuenta la leyenda que el maestro de música Wen de Cheng podía cambiar las estaciones dependiendo de qué dos cuerdas de su cítara tocara.

Para Boecio, la música provenía de los cielos y no de una persona, pero la idea es esencialmente la misma: la música tiene el poder de transformar la naturaleza. Y en referencia al tercer tipo de música, la *musica humana* o música interior del cuerpo humano, Boecio hablaba de su capacidad para transformarnos. «La música —escribió—, está unida a nosotros de forma tan natural que, aunque queramos, no podemos librarnos de ella.»

Este planteamiento se remonta hasta por lo menos el siglo v a. C., cuando Platón popularizó la noción de que la música formaba parte integral no solo del cosmos, sino también de nuestra psique. Para él, la música era una importante preparación para el alma humana. Su consonancia y su disonancia nos pueden aportar las primeras enseñanzas sobre el placer y el dolor, y cómo responder correctamente a estos estímulos. Señala que, para intentar dormir a un bebé inquieto, sus padres lo mecen suavemente y cantan una canción de cuna utilizando así el ritmo y el tono como un medio para lograr la calma y el silencio. «Por encima de todo —escribe—, el ritmo y la armonía consiguen llegar hasta lo más íntimo del alma y se aferran a ella con fuerza.»

De la misma forma que la astrología justifica que hay ciertos fenómenos claramente relacionados con configuraciones astronómicas, como las mareas altas y las estaciones, existe una justificación para pensar en la música como una fuerza primaria. Todos sabemos que la música tiene la capacidad de emocionarnos. Las canciones en tonos mayores se describen normalmente como alegres, mientras que las de tonos menores evocan emociones más tristes. Con solo elegir diferentes secuencias de notas, se generan diferentes claves. Un patrón da la clave mayor, otro da la menor natural. Dentro de las claves menores existen dos secuencias ligeramente diferentes que dan el menor armónico y el menor melódico. Otras secuencias nos dan los llamados modos. Y todos ellos tienen características musicales sutilmente diferentes.

Para los filósofos clásicos, eran estas sutilezas las que determinaban el impacto emocional de la música. Platón llegó a recetar las escalas que una persona debía escuchar para lograr acceder a la profesión de su elección. Y sugirió, por ejemplo, que escuchando los modos griego dórico o frigio los soldados se harían más fuertes.

Al aplicar la música de las esferas a una variedad tan amplia de fenómenos, Boecio facilitó que se aceptara popularmente. A lo largo de la Edad Media y hasta el Renacimiento, la idea de la música como vínculo entre el cielo nocturno y el alma humana estaba muy extendida. En *El mercader de Venecia*, Shakespeare escribió:

Siéntate, Jessica. Mira la bóveda celeste
tachonada de innumerables patenas
  de oro resplandeciente.
No hay ni el más pequeño de esos orbes
  que contemplas
que con sus movimientos no produzca
  una angelical melodía,
que concierte con las voces de los querubines
  de ojos eternamente jóvenes;
las almas inmortales tienen en ella una música así;
pero hasta que cae esta decadente envoltura
  de barro
que las aprisiona groseramente, no podemos
  escucharla.

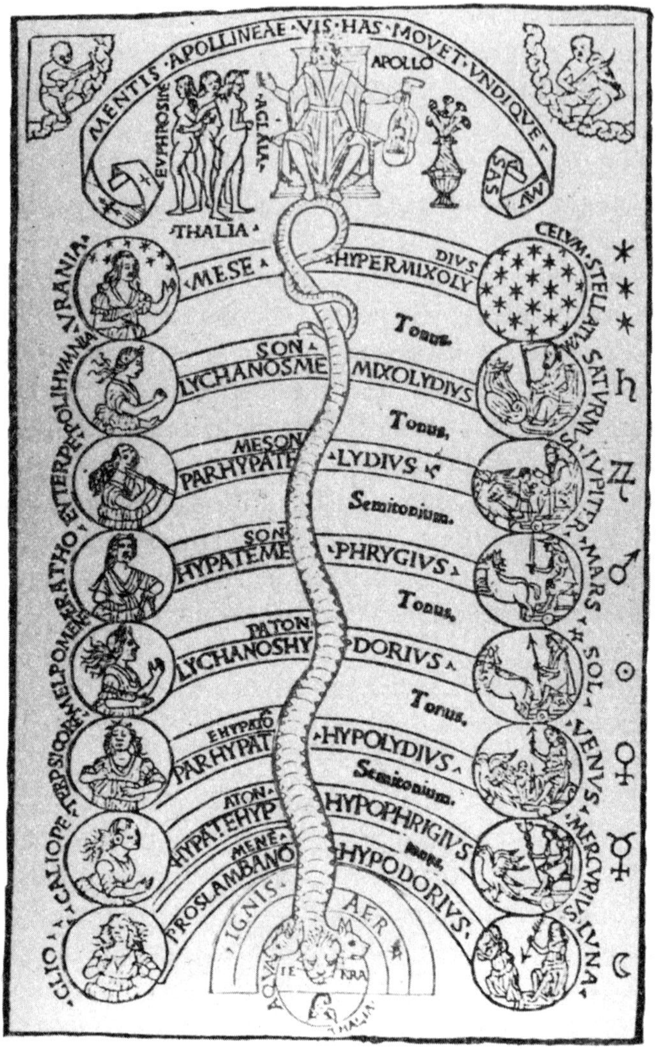

La portada de *Practica musicae* de Franchino Gaffurio (1451-1522) describe el concepto de la música de las esferas asociando los planetas con notas en una escala menor natural. (Colección Charles Walker / Alamy)

La obra de Franchino Gaffurio, teórico y compositor italiano de finales del siglo XV, encarna esta idea en su máxima expresión. Para la portada de su libro de 1496, *Practica Musicae*, Gaffurio encargó un extraordinario grabado de madera.

En su centro se retuerce una serpiente de tres cabezas. En su cola (en la parte superior de la portada), se apoya Apolo sentado en su trono celeste. Sujeta un laúd y está flanqueado por querubines con sus propios instrumentos musicales. La Tierra está en la cabeza de la serpiente y se subdivide en los elementos clásicos de tierra, agua, aire y fuego. A lo largo del serpenteante cuerpo del reptil, en el lado derecho se sitúan los planetas, y al izquierdo, las musas griegas. La música de las esferas aparece anotada entre los planetas como intervalos en una secuencia que da la escala menor natural, formada únicamente por notas naturales que comienzan en la. Estas notas se pueden identificar en el lado izquierdo gracias a los nombres del Gran Sistema Perfecto griego, pero Gaffurio no se conforma con esto.

En lugar de asociar cada planeta a una sola nota, asigna a cada uno una escala exclusiva. Estas escalas son lo que hoy conocemos como los modos eclesiásticos de la Edad Media. Cada uno tiene una característica musical diferente y su presencia aquí bien podría constituir un intento de relacionar las propiedades astrológicas con los planetas a través del efecto emocional que los diversos modos musicales tienen en las personas.

También refleja un cambio en el estilo de música que la gente escuchaba en la Edad Media. La música había pasado de líneas de una sola melodía a numerosas melodías que sonaban juntas resultando en ricas armonías. Se le llamó polifonía y pasó a ser considerada territorio del compositor profesional, mientras que las canciones monofónicas más simples, aunque virtuosas, fueron etiquetadas cada vez más como música folclórica amateur.

En la polifonía, la gente comenzó a descubrir la gran cantidad de nuevos estados de ánimo y sentimientos que la música podía expresar, y en la obra de Gaffurio esta riqueza se introdujo en la música de las esferas. En su diagrama, los planetas no producían individualmente una única nota para producir un único acorde celestial, sino que cantaban en función de su modo y estas diferentes notas se mezclaban en una polifonía extraordinaria y en permanente cambio, que influía en los innumerables acontecimientos de la Tierra. Este ambicioso planteamiento representa la máxima expresión de la música de las esferas de toda la historia.

La rica complejidad de este sistema hizo que, en lugar de intentar deducir la gran polifonía celestial nota por nota, la mayoría de los estudiosos se contentaran con pensar en la música de las esferas en sentido puramente metafórico. Pero hubo un hombre que no se dejó intimidar por el desafío. Era un matemático alemán del siglo XVI, que quiso volver a las raíces pitagóricas estrictamente matemáticas de la música de las esferas. Johannes Kepler creía que las matemáticas eran un lenguaje que permitía una precisión total, a diferencia de las palabras, que siempre están abiertas a interpretación. Como devoto protestante luterano que era, Kepler concebía las matemáticas como el lenguaje divino de Dios. Esto significaba que, en el fondo, los movimientos de los planetas debían de ser matemáticos y, por tanto, también musicales porque, según Pitágoras, la música era sinónimo de relaciones numéricas. En un intento de transformar el movimiento de los planetas en música, Kepler emprendió una gesta intelectual que cambió nuestra relación con el cielo nocturno para siempre.

6

Punto de inflexión

A principios del siglo XVI, el movimiento de los planetas todavía se explicaba al estilo de los filósofos clásicos del siglo VI a.C. Se basaba en la idea de esferas u orbes celestes, una secuencia de esferas transparentes anidadas, hechas de éter (el quinto elemento), que giraban una dentro de la otra, llevando consigo a los planetas.

En el más antiguo de estos esquemas, el orbe más rápido era el más distante: la esfera de las estrellas fijas. Básicamente, se desplazaba dibujando un círculo completo una vez al día, de este a oeste. Los planetas clásicos, que incluían el Sol y la Luna, se movían más despacio en sus propios orbes y a su propio ritmo, lo que explicaba por qué lo hacían en dirección oeste noche tras noche, con el telón de fondo de las estrellas. Pero, al igual que sucedía con la armonía celestial del capítulo anterior, este sencillo esquema no conseguía explicar las diversas aceleraciones, desaceleraciones e incluso retrocesos de los planetas. Para abordar estas deficiencias, Ptolomeo había propuesto varias soluciones en el *Almagesto*.

En relación con el retroceso de los planetas, planteó que la capa de cada orbe celestial era lo suficientemente gruesa como para contener un orbe más pequeño, llamado epiciclo, que giraba de forma independiente al orbe más grande. Conjuntamente, los dos provocaban que el planeta siguiera una trayectoria en espiral, explicando así este fenómeno ocasional.

En cuanto a la aceleración y desaceleración, Ptolomeo propuso separar ligeramente la Tierra del centro de las esferas celestes. Así, desde nuestro punto de vista, parecería que los planetas aceleraban y desaceleraban. Pero ninguna de las ideas de Ptolomeo reproducía con precisión el movimiento planetario constatado mediante la observación. Muchos estudiosos también se sentían incómodos con la idea de una Tierra desplazada, porque contradecía la teoría de Aristóteles de que era el elemento más denso y que, por tanto, se ubicaba de forma natural en el centro mismo del universo. Los teólogos tampoco estaban convencidos, ya que tenía poco sentido que Dios dispusiera los cielos alrededor de un punto vacío en el espacio. Sin embargo, a pesar de estos problemas no resueltos, tanto las ideas ptolemaicas como las de Aristóteles permearon el pensamiento académico medieval y renacentista.

La idea de las esferas celestes se abrió camino en la conciencia pública, porque tanto los teólogos cristianos como los islámicos incorporaron la astronomía de Ptolomeo a su visión del cosmos. Se limitaron a agregar a Dios como el «motor principal», cuyo poder omnipotente, de entrada, hacía girar los orbes. La idea de una forma de inteligencia tras el movimiento de los objetos celestes no era nueva, pero estos teólogos incluyeron una esfera inmóvil más allá de las estrellas que servía como morada de Dios; de ahí el término «séptimo cielo», que significa el verdadero reino divino y no alguna de las clásicas esferas planetarias.

Fue al comenzar este debate, alrededor del año 1000 d.C., cuando la vinculación del cielo cristiano con el cielo nocturno se convirtió en un pilar central de la religión. Hasta entonces, la antigua palabra inglesa «Hefon»* podía referirse simplemente al cielo nocturno. La palabra *firmamento* también fue adoptada por los académicos cristianos de la Edad Media para describir la esfera de las estrellas fijas, que concebían como una cúpula sólida que establecía el límite entre los reinos visibles del cosmos y el séptimo cielo. En algunas versiones de esta idea, las estrellas en sí son agujeros en el firmamento a través de los cuales brilla la luz blanca y pura del cielo.[49]

Aunque estas ideas se volvieron tremendamente populares, a algunas personas las deficiencias e incompatibilidades del modelo de Ptolomeo les provocaba desasosiego. En especial, a Nicolás Copérnico, un astrónomo y canónigo católico que vivió y trabajó en Frombork, Polonia.

Durante la década de 1510, Copérnico recopiló tablas de observaciones astronómicas ya existentes y elaboró otras propias para desarrollar una nueva idea de cómo podrían organizarse los cielos. Este trabajo quedó plasmado en un documento titulado *Commentariolus*, que al principio, y por cautela, mostró solo a unos pocos amigos, ya que su teoría contradecía las enseñanzas tanto de Ptolomeo como de Aristóteles. Copérnico había llegado a la conclusión de que los movimientos planetarios se explicaban mejor con el Sol en el centro del cosmos y la Tierra como un planeta más, que seguía una órbita propia alrededor del Sol. Esto parecía proporcionar también una explicación natural al ocasional y aparente retroceso de los planetas en el cielo.

---

* *Heaven* en inglés significa «reino de los cielos». *(N. de la t.)*

Imagine todos los planetas en un circuito de carreras circular, con el Sol en el centro. La Tierra está en el carril tres. En los carriles interiores están Venus y Mercurio; en los exteriores, Marte, Júpiter y Saturno. Al estar en las pistas interiores, Mercurio y Venus viajan más rápido que la Tierra. Conforme nos rebasan, se mueven en el mismo sentido que nosotros, pero cuando llegan al otro lado, nuestra perspectiva hace que parezca que se muevan en sentido opuesto, alejándose del Sol, y que luego vuelvan a cambiar de sentido para ir hacia él.

Marte, Júpiter y Saturno están en los carriles exteriores. Se mueven más lentamente y somos nosotros los que nos adelantamos. A medida que nos deslizamos hacia adelante por la pista interior, nuestra línea de visión cambia y, desde nuestro punto de vista, los planetas exteriores parecen moverse hacia atrás a través del cielo. Es como ir en un tren que adelanta a otro. En ese momento, el tren más lento parece que se está moviendo hacia atrás cuando en realidad ambos van el mismo sentido y dirección, solo que a diferentes velocidades.

La idea de que la Tierra daba vueltas alrededor del Sol era atrevida pero no novedosa. La inmovilidad de la Tierra se había puesto en duda repetidamente desde la Antigua Grecia. En el siglo v a.C., Filolao propuso que el día y la noche se producían porque la Tierra orbitaba un punto central invisible llamado «fuego central» o la «torre de vigilancia de Zeus» una vez al día. Esto hacía que el Sol, más distante, las estrellas y los otros objetos celestes parecieran cruzar el cielo. Aunque no se trata de un cosmos heliocéntrico (con el Sol en el centro), acierta al atribuir la mayor parte del movimiento del cielo nocturno al movimiento de la Tierra (aunque esto tampoco lo acabe de explicar bien).

En el siglo III a.C., Aristarco de Samos propuso una visión completamente heliocéntrica. Identificó el fuego central como el Sol y lo trasladó al centro fijo del cosmos, planteando que la Tierra giraba sobre su eje dando lugar al día y noche. En el mundo islámico, durante la Edad Media, fueron también varios los astrónomos que se decantaron por la idea de que era la Tierra la que daba lugar al día y la noche al girar sobre su eje. Algunas cartas escritas por el astrónomo iraní del siglo XI Abu Sa'id al-Sijzi que han llegado hasta nuestros días dejan claro que este fue también el punto de partida de su trabajo.[50]

Sin embargo, por razones que se han olvidado a lo largo de la historia, Ptolomeo optó por el modelo geocéntrico. Quizá lo hizo por todo el significado adicional que se había otorgado a la posición central de la Tierra, como la teoría de la densidad elemental de Aristóteles. Cualquiera que fuera la razón, el *Almagesto* se convirtió en la obra de referencia y, en consecuencia, su sistema geocéntrico fue adoptado por las religiones y culturas de la época, y esto hizo que Copérnico se mostrara cauteloso a la hora de publicar sus ideas.

Tras su bosquejo inicial, el astrónomo polaco trabajó durante décadas para perfeccionar una versión completa de su modelo que pudiera reproducir el movimiento de los planetas en el cielo nocturno con todas sus sutilezas. Aunque no lo logró, quedó lo suficientemente satisfecho con los resultados como para publicarlos justo antes de morir, en 1543, en un libro llamado *De revolutionibus orbium coelestium* (*Sobre las revoluciones de las esferas celestes*). En la introducción, Copérnico explica que la motivación de su trabajo era proporcionar una teoría más exacta del movimiento planetario, para aumentar la precisión de las predicciones astronómicas y poder elaborar así un mejor calendario.

Y es que esta era una de las principales preocupaciones de aquella época. Los países católicos habían estado usando el calendario juliano introducido por Julio César en el 46 a.C. Se trataba de un calendario solar basado en una duración del año estimada de 365,25 días. La mayoría de los años de este calendario duraban 365 días, pero cada cuatro años había uno llamado «bisiesto», que incluía un día adicional. Era, con mucho, el calendario más preciso de su tiempo, pero contenía un pequeño error. La duración media de un año no es de 365,25 días, sino de 365,24217. Esto suponía que en el calendario juliano el año tenía once minutos de más. En las décadas subsiguientes a su introducción, este error apenas era notorio, pero en el siglo XVI la discrepancia había crecido tanto que daba lugar a diez días de desfase entre el calendario y las estaciones. El equinoccio de primavera tenía lugar el 10 o el 11 de marzo, en lugar del 21 de ese mes. Esto era importante para la Iglesia, porque hacía difícil establecer la fecha de determinadas festividades religiosas. Había que hacer algo.

Los astrónomos católicos romanos de toda Europa volvieron a observar el cielo de nuevo y a medir momentos clave, como la época de los equinoccios y solsticios, para poder así calcular con mayor precisión la duración del año y diseñar un mejor sistema de años bisiestos. Pidieron a Copérnico que colaborara, y el sistema heliocéntrico que propuso fue utilizado posteriormente en 1551 por el astrónomo alemán Erasmus Reinhold para calcular las Tablas Prusianas. Esto proporcionó posiciones actualizadas de estrellas y planetas en varios momentos, y fue una de las principales fuentes para la elaboración del nuevo calendario.

Finalmente se acordó que cada cuarto año fuera bisiesto, excepto cuando cayera en el primer año de un siglo no divisible por cuatrocientos. En consecuencia, los años 1600 y 2000 fueron bisiestos, pero 1700, 1800 y 1900, no. Este pequeño cambio conllevó que en lugar de haber cien años bisiestos cada cuatrocientos, haya solo noventa y siete. El 24 de febrero de 1582 el papa Gregorio anunció el nuevo calendario.

Para volver a armonizar a la sociedad con los movimientos del cielo nocturno, de la noche a la mañana se agregarían diez días al antiguo calendario juliano, que sería entonces sustituido por el nuevo calendario gregoriano.[51] Estaba previsto que ocurriera la medianoche del 4 de octubre de 1582, convirtiéndose el día siguiente, oficialmente, en 15 de octubre. Pero, a pesar de las ventajas prácticas, no todo el mundo estuvo dispuesto a hacerlo debido a las rivalidades religiosas. En particular, los países cristianos protestantes se mostraban reacios a seguir el ejemplo católico romano.

No fue hasta casi dos siglos después, con la Ley del Calendario (Nuevo Estilo) de 1750, que Gran Bretaña y sus colonias se pusieron al día. Suecia planeó hacer la reforma gradualmente, excluyendo todos los años bisiestos entre 1700 y 1740. Sin embargo, por alguna razón se olvidaron de eliminar los años bisiestos en 1704 y 1708, lo que provocó que abandonaran el plan por completo. Así, para volver a sincronizarse con el calendario al viejo estilo, tuvieron que agregar un día en 1712, haciendo un año bisiesto doble. La confusión finalmente llegó a su fin el 17 de febrero de 1753, cuando, a medianoche, se cambió de mes. Al día siguiente, Suecia despertó en 1 de marzo y con calendario gregoriano.

Aunque el sistema heliocéntrico de Copérnico había resultado útil, seguía desconcertando a las autoridades de la Iglesia. Habiendo respaldado vehementemente la idea de que los cielos se estructuraban alrededor de una serie de esferas celestes centradas en la Tierra, iglesias de todas las denominaciones se resistían ahora a admitir su error. Hacerlo podría resultar en una pérdida de autoridad en favor de los astrónomos. A resultas de todo ello, los astrónomos pasaron repentinamente a ser objeto del mismo escrutinio, e incluso bajo las mismas sospechas, que los astrólogos.

En un intento por facilitar su aceptación en los círculos religiosos, el libro de Copérnico contenía una introducción anónima que había sido añadida justo antes de su impresión, sin el conocimiento del autor. Se trató casi con total seguridad de un intento de apaciguar cualquier posible controversia sobre el reordenamiento de los planetas que proponía.

Se cree que el responsable del prólogo fue el teólogo protestante Andreas Osiander, quien había supervisado las etapas finales de la impresión. Escribió que *De revolutionibus* contenía ideas que debían entenderse como meras recetas matemáticas; podían usarse para realizar mejores predicciones de los movimientos celestes, pero nunca interpretarse como que la Tierra realmente se movía. Un astrónomo siempre elegiría la hipótesis más fácil, añadía, mientras que un filósofo se inclinaría por la que considerara correcta. Pero ninguno sabría nada con certeza, pues la verdad solo llega por revelación divina. Con estas palabras, trató de tranquilizar y convencer a los teólogos de que seguían siendo la máxima autoridad. Sin embargo, a los astrónomos les pareció un agravio que alguien pudiera sugerir que sus matemáticas eran un truco.

A lo largo de los siglos, los observadores del cielo habían desarrollado un conjunto de instrumentos que podían transformar el cielo nocturno en números, facilitándoles los datos en bruto que necesitaban para realizar sus cálculos. Era una forma de conectarse intelectualmente con el cielo nocturno y deducir lo que estaba sucediendo en un reino que nadie imaginaba se pudiera llegar a visitar. Para la época de Copérnico, los aparatos disponibles incluían la vara de Jacob, el astrolabio, la esfera armilar y el cuadrante. Aunque variaban en complejidad y precisión, todos tenían el mismo propósito básico de medir la posición de los objetos celestes en relación con una posición fija en la Tierra.

Estas mediciones podían después contrastarse con las predicciones de los diferentes «modelos» del cosmos, como los de Ptolomeo y Copérnico, para comprobar cuál se acercaba más. Pero un modelo es tan bueno como las observaciones que busca reproducir y, antes de los telescopios, los instrumentos eran difíciles de usar con verdadera precisión.

Los teólogos y filósofos criticaban con asiduidad a los astrónomos por su imprecisión. Subrayaban lo difícil que les resultaba medir los detalles de los movimientos planetarios y sin ellos, añadían, era difícil distinguir entre los diversos modelos de organización del universo. En consecuencia, argumentaron, por cuestiones prácticas debía mantenerse el modelo ya arraigado. Copérnico, sin embargo, fue más inteligente que todo eso. Señaló un aspecto del movimiento planetario que se había pasado por alto, lo cual supuso un claro descrédito del modelo geocéntrico de Ptolomeo.

Analizó el retroceso de los planetas exteriores y detectó un nuevo detalle que el modelo de Ptolomeo no podía explicar: el retroceso de Marte, Júpiter y Saturno solo tenía lugar cuando los planetas se estaban acercando a sus puntos más altos a medianoche. Este movimiento circular no ocurría en ningún otro momento. Copérnico se dio cuenta de que, si la razón era que la Tierra estaba en una trayectoria interior rebasando al planeta exterior, entonces, en el momento en que la Tierra se adelantaba, nuestro planeta se encontraría siempre directamente entre el Sol y el planeta en cuestión. Esto significaba que este planeta más alejado se encontraría siempre en el lado opuesto al sol en el cielo, lo que haría que pareciera alcanzar su máxima altitud a medianoche.

Al tomar conciencia de esto, Copérnico comprendió que la Tierra tenía que estar en movimiento. Sin embargo, por más que lo intentó, no consiguió que su modelo reprodujera completamente los movimientos de los planetas. En retrospectiva, podemos identificar el motivo: conservó la idea de los orbes celestes y con ella, la de que los planetas se movían en círculos perfectos. Copérnico fue incapaz de captar este error, y finalmente tuvo que introducir sus propios epiciclos, más complicados aún que los del modelo de Ptolomeo que pretendía simplificar. Aun así, había demostrado que la Tierra, efectivamente, se movía por el espacio.

Las ventas de su libro, *De revolutionibus*, se contaron por cientos más que por miles, por lo que algunos historiadores lo consideraron un fracaso. La verdad, sin embargo, es más sutil. Owen Gingerich, astrónomo e historiador del siglo XX, pasó 35 años rastreando los casi trescientos ejemplares supervivientes de la primera y segunda edición de *De revolutionibus*, en busca de las notas al margen de los lectores. Al hacerlo, descubrió que el libro, cuya presentación era muy técnica, había sido leído por todos los principales astrónomos de la época y las notas que escribieron en sus ejemplares demuestran que se tomaron el contenido en serio.[52] Uno de esos lectores fue Johannes Kepler, nacido en 1571 en Weil der Stadt, Suabia (ahora Alemania).

El interés de Kepler por el cielo nocturno comenzó cuando, con seis años, su madre salió con él de casa para enseñarle un gran cometa que atravesaba el cielo. Descubrió el modelo copernicano de los planetas —y las ideas de la astrología— en la Universidad de Tubinga. Se convirtió en un experto en la elaboración de horóscopos, practicando con sus compañeros de estudios, pero fue posiblemente su educación teológica la que más influyó en él, pues finalmente quiso convertirse en pastor luterano.

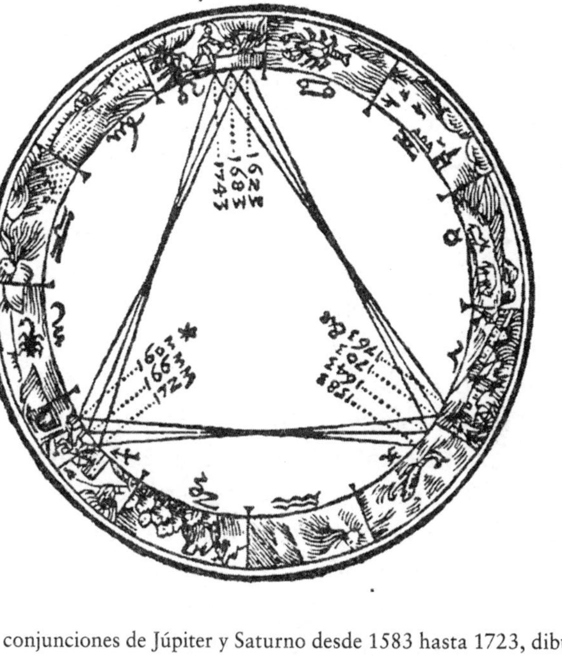

Las grandes conjunciones de Júpiter y Saturno desde 1583 hasta 1723, dibujadas por Johannes Kepler (1571-1630). El diagrama muestra las constelaciones zodiacales en las que tuvieron lugar estos alineamientos. (Wikimedia)

Sin embargo, lo acabaron convenciendo de que ocupara una vacante como profesor en Graz, y fue allí donde le llegaría la inspiración que le permitió descubrir la verdadera forma de las órbitas planetarias. Kepler se encontraba disfrutando de una de las vistas más hermosas del cielo nocturno, la llamada gran conjunción entre Júpiter y Saturno. Es un tipo de fenómeno bastante infrecuente, que sucede cada pocas décadas, cuando Júpiter rebasa a Saturno y los dos brillantes planetas parecen aproximarse en el cielo nocturno. Júpiter luce un blanco brillante, mientras que Saturno muestra su más sutil tono ocre. Se creía que las grandes conjunciones eran importantes a nivel astrológico por el dibujo que trazan en el cielo.

Es un patrón que surge por pura casualidad y que se deriva del hecho de que las grandes conjunciones tienen lugar cada dieciocho o veinte años aproximadamente. Como Saturno tarda cerca de treinta años en dar la vuelta al Sol, esto significa que, entre grandes conjunciones sucesivas, el planeta anillado recorre aproximadamente dos tercios de su órbita o unos 240° más. En el transcurso de entre cincuenta y sesenta años, tienen lugar tres grandes conjunciones que dibujan en el cielo un triángulo equilátero. Los astrólogos lo llamaron trígono y, dado que cada vértice coincide con un signo diferente del zodíaco, pensaron que la naturaleza les estaba diciendo que esas constelaciones en particular estaban vinculadas de alguna manera.

Otro sutil detalle adicional lo constituye el hecho de que Saturno no llega a completar dos órbitas durante cada trígono. Esto significa que no regresa del todo a su posición inicial, lo cual provoca que cada trígono sucesivo se desplace entre 7° y 8° a lo largo del zodíaco. Dado que los astrólogos habían dividido el zodíaco en los doce signos, cada uno de los cuales tenía 30° de ancho, cuatro trígonos sucesivos coincidirían con el mismo conjunto de constelaciones antes de avanzar y formar otro conjunto. Como hay doce constelaciones zodiacales, esto significa que hay cuatro conjuntos de tres constelaciones. Cada trígono se asoció con uno de los cuatro elementos clásicos. El trígono terrestre es Aries, Leo y Sagitario; el de agua, Géminis, Libra y Acuario; el trígono aéreo, Tauro, Virgo y Capricornio; y el de fuego es Cáncer, Escorpio y Piscis.

Para los astrólogos, un orden así de claro era indicativo de un significado profundo. Los escritos de los astrólogos musulmanes de la Bagdad de los siglos VIII y IX contienen los que se ha concluido son los primeros comentarios sobre la hipotética importancia de estas conjunciones, aunque las ideas sobre las que escriben podrían haber llegado de Irán unos siglos antes.[53] Se otorgó especial importancia a los años en los que el trígono pasaba de un conjunto de constelaciones al siguiente. Esto ocurría después de cada cuarto trígono, o dos siglos aproximadamente, y se pensó que era un momento de cambio histórico. Sin embargo, más importante se consideró aún el momento en el que se había consumado todo el ciclo y uno nuevo estaba a punto de empezar. Esto sucedía más o menos cada ochocientos años y, según los astrólogos, dividía la historia en «grandes edades». Los astrólogos y teólogos cristianos consideraban que, desde la creación bíblica, habían transcurrido seis grandes edades, representadas en los tiempos de Enoc, Noé, Moisés, las diez tribus de Israel, el Imperio romano y el nacimiento de Cristo y, por último, la fundación del Sacro Imperio romano por Carlomagno. En 1583, cuando Kepler era casi un adolescente, comenzó otro ciclo que fue aclamado como un evento trascendental.[54]

Aunque marcaba solo la segunda gran edad desde el nacimiento de Cristo, la conjunción de 1583 provocó una avalancha de publicaciones que predecían varias fatalidades para la sociedad europea. Una persistente línea de pensamiento afirmaba que el juicio final preconizado en la Biblia estaba cerca. Para acabar con la creciente ola de preocupación pública, en 1586 el papa emitió una bula prohibiendo todas las prácticas adivinatorias, pero las profecías continuaron, especialmente en los países protestantes. *Enrique IV*, obra que Shakespeare escribió en 1586, contiene una escena en la Parte II, Acto II, Escena IV donde el autor hace referencia a aquel momento. Sátira o simple recuerdo del furor que causó, los personajes del Príncipe y Poins discuten el significado de una conjunción entre Saturno y Venus en «el triángulo de Fuego».

Kepler estaba interesado principalmente en el hecho de que las órbitas de Júpiter y Saturno parecían diseñadas para que tuvieran lugar grandes conjunciones. Imaginaba que, durante la Creación, Dios los había colocado justamente en esas trayectorias. Y, llegada la década de 1590, llegó a creer también que Dios le había dado la intuición para comprender la razón subyacente a las posiciones de los planetas: descansaba sobre formas geométricas invisibles que funcionaban como andamios para mantener separados los planetas.

Al proponer esta idea, Kepler se inspiró en el *Timeo* de Platón, que había descrito los cinco «sólidos perfectos», formas tridimensionales que se construyen encajando equiláteros bidimensionales. Este sistema permite unir seis cuadrados para formar un cubo, cuatro triángulos equiláteros para formar un tetraedro en forma de pirámide,[55] ocho triángulos equiláteros se pueden unir para formar un octaedro, doce pentágonos forman un dodecaedro y veinte triángulos equiláteros forman un icosaedro. Estos son los únicos cinco sólidos perfectos posibles y Platón planteó que los cuatro primeros eran las formas microscópicas adoptadas por los elementos clásicos de tierra, agua, aire y fuego. La quinta forma, el icosaedro, era el éter, la quintaesencia celestial.

Kepler pensaba que los orbes celestes de los planetas se mantenían separados gracias a versiones mucho más grandes de los sólidos platónicos. Calculó que las esferas de Saturno y las estrellas podían mantenerse separadas por un cubo, las de Júpiter y Saturno por un tetraedro y así sucesivamente. Para probar la validez de su gran diseño, que, siguiendo a Copérnico, colocaba el Sol en el centro de los planetas, construyó un modelo en plata de sus ideas, con dinero que recaudó de Federico I de Wurtemberg. El plan era colocarlo en el vestíbulo de entrada del palacio del Duque, donde se convertiría en todo un tema de conversación. Kepler llegó a prometer que las tuberías serían huecas para poder así funcionar como dispensadores de bebidas. Cada forma contendría una bebida que sería reflejo de las propiedades astrológicas del planeta que sostenía. En el caso de Saturno, esto significó llenarlo con cerveza mala o vino picado. El duque podría ofrecer un trago de bienvenida de la escultura a sus invitados y reírse en la cara de cualquiera lo suficientemente inculto como para beber de Saturno.

Las piezas del modelo se fabricaron siguiendo las precisas especificaciones de Kepler y se llevaron al palacio para su montaje, pero se produjo una catástrofe. No encajaban. Seguir la suposición de Copérnico de que las órbitas de los planetas eran circulares había sido un error. Humillado, Kepler malvendió la plata y volvió a la mesa de dibujo, decidido a desentrañar qué había salido mal. El bochorno le sirvió para trabajar con aún mayor ahínco en lo que acabaría siendo el descubrimiento que daría pie a la revolución científica.

Kepler se dio cuenta de que tenía que investigar no solo el tamaño de las órbitas de los planetas, sino también sus verdaderas formas. Para hacerlo, sin embargo, necesitaba algo de lo que no disponía: una colección celosamente guardada de observaciones astronómicas únicas en la historia de la humanidad por su cantidad y precisión. Pertenecían al noble danés Tycho Brahe y eran nada menos que el trabajo de toda su vida. Pero eran también bastante inútiles en el formato que tenían en ese momento. Languidecían como una serie de libros de registro con largas listas de ángulos entre los objetos celestes. Solo su análisis exhaustivo, utilizando un modelo astronómico, permitiría determinar el tamaño y la forma de la órbita de cada planeta.

De edad ya avanzada, Tycho estaba desesperado por descubrir esas órbitas para poder predecir las posiciones futuras de los planetas, dejando así como legado a la humanidad un preciso almanaque celeste. Sin embargo, no poseía suficiente talento matemático para analizar sus observaciones. A primera vista, Kepler y Tycho eran la pareja perfecta. Kepler tenía la capacidad intelectual, Tycho tenía los datos. Pero cuando los dos se encontraron el 4 de febrero de 1600 en el castillo de Benátky, cerca de Praga, los problemas no se hicieron esperar.

Tycho se aferró al antiguo modelo geocéntrico, mientras que Kepler estaba seguro de que Copérnico tenía razón. Se enzarzaron en una amarga discusión. Se necesitaban mutuamente, pero no podían aceptar sus diferencias. Al final, la tragedia se interpuso entre ellos.

Tycho murió repentinamente, probablemente de una infección de vejiga, y en la confusión que sucedió a su fallecimiento, Kepler robó sus observaciones astronómicas y huyó. Después se peleó con los datos durante décadas, llenando miles de páginas con cálculos, enzarzado en lo que más tarde llamó su «guerra con Marte», hasta que encontró la fórmula matemática que reproducía perfectamente el movimiento de Marte a través del cielo nocturno: era una elipse, no un círculo. La clave para descubrirlo había sido eliminar primero los efectos de la órbita de la Tierra. Hecho esto, todos los bucles retrógrados desaparecieron, revelando el verdadero movimiento de Marte. Envalentonado por este logro, Kepler analizó las observaciones de los otros planetas y descubrió que también ellos seguían sus propias elipses. Al final, concluyó que con solo tres líneas de matemáticas podía resumir cómo se movían todos los planetas. Conocidas como las Leyes de Kepler, estas siguen siendo unas de las primeras enseñanzas en cualquier estudio superior de astronomía.

La primera de las Leyes de Kepler dice que los planetas se mueven en órbitas elípticas alrededor del Sol. La segunda es una descripción matemática de cómo un planeta acelera y desacelera, dependiendo de dónde se encuentre en su órbita. La tercera ley relaciona la velocidad media de un planeta con el tamaño de su órbita, demostrando que los planetas más distantes se mueven a velocidades medias más lentas.

No es exagerado afirmar que estas sencillas leyes marcaron un hito en la historia. Las Leyes de Kepler son válidas para todos los planetas en órbita alrededor del Sol, incluidos los que Kepler ni siquiera sabía que existían y tardaron siglos en ser descubiertos. También explican el movimiento de los miles de planetas que nuestros telescopios modernos han descubierto en órbita alrededor de otras estrellas en las últimas décadas. Más allá de la ciencia a la que dieron pie estos logros, el valor cultural fue y es incalculable. Al medir las posiciones de las estrellas, Tycho Brahe plasmó la naturaleza en números. Después, Kepler utilizó las matemáticas para destilar esa información y conseguir algo con significado: un modelo preciso del movimiento planetario. Fue una abrumadora llamada a las armas intelectuales que demostró que no era la escritura, sino la medición y el intelecto los que podían desvelar los secretos del cielo nocturno.

Kepler publicó un gran resumen de sus ideas en 1619, en un libro titulado *La armonía del mundo*. Y en él transformó las diversas órbitas elípticas de los planetas en escalas musicales.

Según Kepler, el carácter elíptico de la órbita de un planeta determinaba el rango de notas en su escala. Mercurio, por ejemplo, seguía el camino más elíptico, por lo que pasaba por el mayor rango de notas musicales. La órbita de Venus, por otro lado, era prácticamente un círculo perfecto. De tener este planeta un rango de notas, argumentó el astrónomo, estas debían de estar separadas por un diesis o intervalo pequeño y altamente disonante.

La Tierra, añadió, oscilaba entre dos notas separadas por un semitono. Las etiquetó, incluso, como las notas mi y fa del solfeo, el sistema de nomenclatura de notas del siglo XI. Constantemente desalentado por las dificultades de la vida, Kepler escribió que mi y fa eran las notas perfectas para la Tierra, dominada por la miseria y el hambre.

Además de definir los rangos de notas que emitirían los planetas, les asignó rangos de voz. Mercurio era soprano, la Tierra y Venus eran los altos, Marte, el tenor, Júpiter y Saturno, los bajos.

Como Gaffurio, pensó que, conforme se movían, los planetas producirían una compleja polifonía. Era una especie de motete, una composición de voces entrelazadas que creaban una armonía en constante cambio. Se dio cuenta de que, al entrelazarse, estas seis líneas producirían sobre todo disonancias, pero tenía la esperanza de que también hubiera pasajeros ritmos y momentos de belleza.

También cayó en la cuenta de que en la música cósmica habría algo ligeramente extraño. Las notas de cada planeta no sonarían en discretos intervalos, pasando de una nota a la siguiente. En lugar de eso, se fundirían una en la otra como una sirena. Esto se debía a que los planetas se mueven suavemente a lo largo de sus órbitas en lugar de saltar de un paso al siguiente.

Otra pregunta que abordó Kepler fue si la música se repetía alguna vez. Para ello, los planetas tendrían que volver periódicamente a sus configuraciones iniciales y Kepler se dio cuenta de que era prácticamente imposible que los seis planetas lo hicieran de manera sincronizada. Por ello, planteó que, durante la creación del universo, Dios había colocado los planetas de manera que produjeran una cadencia perfecta, pero que esa gloriosa armonía nunca se repetiría.

La interpretación en términos musicales de las órbitas planetarias de Kepler es, sin duda, una de las más grandes creaciones de la mente humana, y a medida que otros se fueron familiarizando con su trabajo, cuestionaron la necesidad de tanto adorno intelectual. Las Leyes de Kepler se pueden utilizar de forma puramente matemática para predecir la ubicación de los planetas en el futuro y determinar sus posiciones en el pasado. Era la información fundamental que hacía falta para darle sentido al cielo nocturno y se basaba únicamente en las matemáticas, no en la música.

Al comprender esto, la idea de que la música gobernaba el universo se desmoronó. Los filósofos naturales que siguieron a Kepler se fueron pareciendo cada vez más a los científicos de hoy, ya que comenzaron a buscar relaciones matemáticas en lugar de musicales para comprender la astronomía y el resto de la naturaleza. En 1623, el astrónomo italiano Galileo Galilei —a quien pronto conoceremos— expresó en su libro *El ensayador* la siguiente opinión:

> *El universo no se puede leer hasta que hayamos aprendido el idioma y nos familiaricemos con los caracteres en los que está escrito. Está escrito en lenguaje matemático y las letras son triángulos, círculos y otras figuras geométricas, sin lo cual es humanamente imposible comprender una sola palabra. Sin ellos, uno vaga por un laberinto oscuro.*

Y Kepler todavía no había acabado de transformar nuestra comprensión del cielo nocturno. La siguiente pregunta que abordó fue por qué se movían los planetas. Él ya sabía que la idea de que los orbes celestes transportaban los planetas era insostenible, gracias a las observaciones de Tycho en 1577. En aquella época, el danés había avistado en el cielo nocturno el mismo cometa que había despertado el interés de Kepler. Cuando este era todavía un niño, Tycho se encontraba al mando de un grupo de astrónomos en la isla danesa de Hven y juntos estaban construyendo un extraordinario observatorio para trabajar en él. Bautizado como Uraniborg, en homenaje a Urania, la musa griega de la astronomía, era una versión a gran escala y sobre el suelo de los instrumentos de observación portátiles. Había una esfera armilar de 1,6 metros de diámetro, un cuadrante de dos metros de ancho y otra enorme esfera armilar básica de tres metros de diámetro. Al sobredimensionarlos, la precisión con la que podía leer los ángulos aumentó porque las escalas eran mucho más grandes.[56] A pesar de que aún no se había inventado el telescopio, sus hábiles astrónomos podían leer ángulos de solo una centésima de grado de ancho. Midieron y establecieron la duración del año a solo un segundo de su valor moderno y la inclinación del eje de la Tierra con una centésima de grado de error.

En aquel momento de la historia se creía de forma generalizada que los cometas eran fenómenos atmosféricos. El pintor y astrónomo alemán Georg Busch incluso había llegado a publicar que los cometas «se forman por el ascenso de los pecados y la maldad humanos desde la Tierra, convertidos en una especie de gas y encendidos por la ira de Dios. Esta sustancia venenosa vuelve a caer sobre la cabeza de la gente y causa todo tipo de daños como peste, muerte súbita, mal tiempo y desnutrición.»*

Tycho había llevado a cabo sus observaciones del cometa con un cuadrante de bronce de 65 centímetros, y cuando Kepler las analizó, vio que el objeto celeste estaba cruzando las órbitas de los otros planetas sin obstáculos. Por tanto, no podía haber esferas celestes sólidas conteniendo los planetas, como había planteado Ptolomeo y el mundo había aceptado. Kepler no se detuvo ahí; él y Tycho asestaron un golpe fatal a otro pilar fundamental de la creencia astronó-

* Del inglés *frenchmen*, «francés», término que en la época se utilizaba para indicar malnutrición, por considerarse que los franceses estaban peor alimentados que los ingleses. (*N. de la t.*)

mica: que los cielos eran perfectos e inmutables. Era una idea surgida de la mente de Aristóteles que sugería que Dios —el ser perfecto— solo podía crear cielos perfectos. Así fue como se explicó que, noche tras noche y año tras año, las estrellas aparecieran inmutables en sus constelaciones.

Sin embargo, tanto Kepler como Tycho vieron aparecer nuevas estrellas en los cielos. En el siglo XX se demostró que las bautizadas como «novas» eran estrellas en erupción o incluso en explosión que, por un período de tiempo, se volvían lo suficientemente brillantes como para ser observadas a simple vista. Pero para Tycho y Kepler, para los reyes y líderes de la época, y también para la población en general, la aparición repentina de nuevas estrellas fue extraordinaria. Su descubrimiento fue un golpe para la idea aristotélica de los cielos divinos e inmutables, pues detectar un cambio cualquiera implicaba un alejamiento de la perfección o que esta ni siquiera había existido. Cuando Tycho vio su nova en 1572 y Kepler la suya en 1604, a ambos les resultó complicado explicar las consecuencias. Finalmente, decidieron que esos acontecimientos tenían un significado astrológico y religioso.

Tycho asoció su nova con la gran conjunción de 1583 y alertó de que los efectos secundarios durarían décadas, aunque no hizo predicciones específicas. La nova de Kepler de 1604 llegó en un momento y lugar particularmente espinoso en el cielo nocturno, porque coincidió con una gran conjunción de Júpiter y Saturno.

Esta fue la primera gran conjunción que tuvo lugar en las constelaciones de fuego y, supuestamente, marcaba el comienzo de una nueva gran edad. Coincidió que en aquel mismo momento la Tierra había adelantado en una vuelta a Júpiter, lo que provocó que el planeta retrocediera en el cielo, y esto había resultado a su vez en una triple conjunción por la cual Júpiter pareció recorrer el círculo hacia atrás y rebasar a Saturno por segunda vez y luego, una tercera vez al retomar su marcha adelante. Y luego, justo cuando el drama parecía haber terminado, la nova de Kepler apareció cerca del lugar de la conjunción.

Kepler decidió que todo ello tenía un gran significado religioso y que debía de haber sido creado como un mensaje de Dios a la Tierra. Pensando sin duda en el juicio final, instó a los lectores de su libro *De stella nova* a arrepentirse de sus pecados. Por supuesto, no llegó ningún gran cataclismo, pero cuando Kepler publicó sus dos primeras leyes planetarias, en 1609, asomaba en el horizonte un evento de otro tipo que sacudiría a la tierra, y que cambiaría para siempre cómo concebimos el universo.

Galileo Galilei era un profesor de matemáticas, geometría y astronomía en la Universidad de Padua, en Italia. En 1609 oyó hablar de un dispositivo inventado por el fabricante de gafas holandés Hans Lippershey que podía magnificar objetos distantes. El rumor le llegó a mediados de mayo e inmediatamente se puso a pulir lentes para ver si podía reproducirlo.

Trabajó duro durante el verano y el otoño y cuando el sol se puso el 30 de noviembre, apuntó con su invento, el telescopio, al cielo nocturno. Lo dirigió a la Luna, creciente de solo cuatro días, y vio cómo la luz del sol se arrastraba sobre su superficie. Continuó observándola durante los siguientes cinco días, descubriendo que la Luna era montañosa y estaba cubierta de cráteres.[58] El 18 de diciembre apuntó con el telescopio a la Vía Láctea y tuvo su

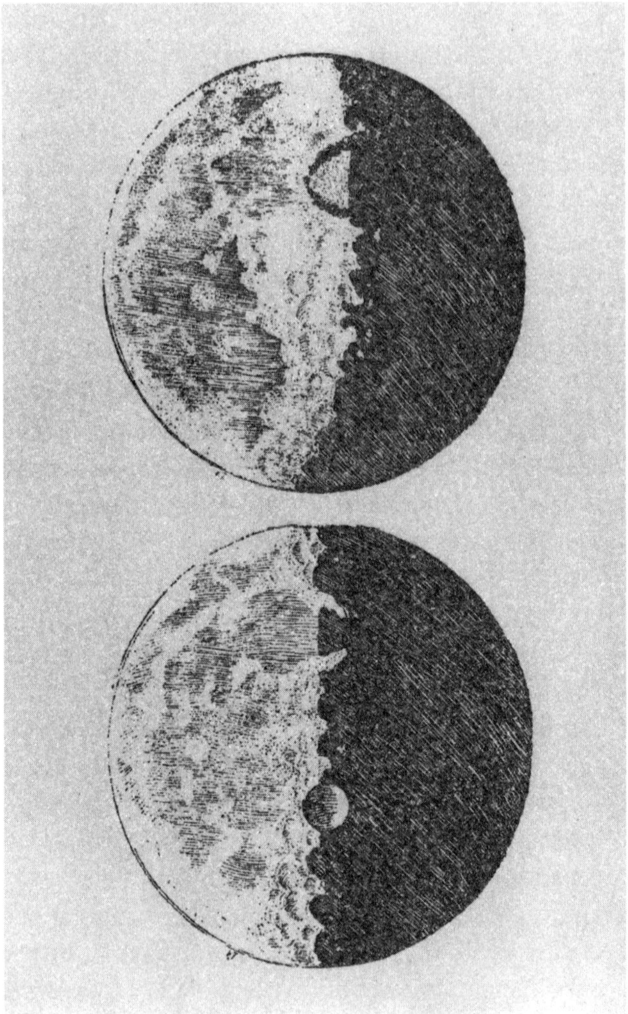

Utilizando un telescopio, Galileo descubrió que la Luna era un mundo montañoso similar a la Tierra. Esto contradecía la idea generalizada de que era una esfera perfecta hecha de una sustancia celeste llamada éter. (Biblioteca de Imágenes de Ciencia y Sociedad / Getty)

siguiente revelación, al observar cómo la brumosa banda de luz se convertía en estrellas claramente diferenciadas. El 7 de enero de 1610 observó Júpiter y descubrió tres «estrellas» cerca de él. La noche siguiente se dio cuenta de que la posición de las tres estrellas había cambiado de configuración.

Fue inmediatamente consciente de que estaba presenciando algo nunca visto, pero la noche siguiente las nubes frustraron su «vehemente deseo» de volver a observar el planeta. Continuó mirando y pronto descubrió una cuarta «estrella» cerca de Júpiter. Solo cinco días después, se percató de que las cuatro estrellas estaban en órbita alrededor del planeta; para nada eran estrellas, sino lunas.

Consciente de la naturaleza absolutamente histórica de sus descubrimientos, al día siguiente comenzó a preparar la publicación de sus observaciones y el 30 de enero realizó en Venecia su primera visita al impresor. El 19 de marzo comenzó a enviar ejemplares terminados del libro, *Sidereus nuncius* (*El mensajero de las estrellas*).[59]

Con sus observaciones, Galileo desmontó totalmente las ideas de Aristóteles. Los cráteres y las montañas de la Luna demostraron que no era una esfera perfecta. Bien al contrario, dichos accidentes geográficos la hacían muy similar a la Tierra, sin éter alguno a la vista. Las lunas de Júpiter implicaron un nuevo problema, pues evidenciaron que había un centro de revolución en el cosmos que no era la Tierra. Y cuanto más miraba Galileo, más preguntas le surgían. A finales de 1610 comprobó que Venus presentaba fases, como la Luna; prueba directa de que seguía una órbita alrededor del Sol. Aunque algunos afirmaron que esto solo probaba heliocentrismo para Venus (y, por extensión, Mercurio), la verdad era que combinado con las Leyes de Kepler, el viejo cosmos geocéntrico era insostenible. Las observaciones lo dejaron claro: la Tierra orbitaba alrededor del Sol, igual que los otros planetas.

Es consabido que Galileo fue juzgado por la Inquisición católica romana por insistir en la verdad demostrable de sus observaciones. El primer enfrentamiento tuvo lugar en 1616, cuando se le advirtió de que debía referirse a sus ideas como meras hipótesis. Galileo cruzó esa línea una y otra vez al afirmar que la Tierra, de hecho, se movía, pero su mayor crimen fue sugerir la reinterpretación de la Biblia, para dar cabida a su punto de vista. La interpretación bíblica era competencia exclusiva de los teólogos del Vaticano. Eran los cimientos sobre los que se asentaba la autoridad de la Iglesia católica. No obstante, Galileo continuó dedicándose a la nueva astronomía abiertamente, en parte porque temía que los protestantes acabaran superando a los católicos en términos de conocimiento progresista, en parte porque consideraba su trabajo como el descubrimiento de una verdad fundamental sobre el reino de Dios y, por lo tanto, religiosamente justificado.

La paciencia del Vaticano con Galileo se agotó en 1633. Fue juzgado y se descubrió que era «vehementemente sospechoso de herejía». Galileo se retractó entonces de sus opiniones astronómicas y pasó el resto de su vida bajo arresto domiciliario. Este momento de la historia se presenta a menudo como un caso de «dogma religioso versus verdad científica», sobre todo después de que el dramaturgo alemán del siglo XX Bertolt Brecht lo usara para mofarse del gobierno autoritario en su obra *La vida de Galileo*. En verdad, fue más complicado que todo eso.

En la década de 1620, los jesuitas del Colegio Romano comenzaban a abrazar el pensamiento de Galileo. Además, estaban iniciando un cuidadoso debate con los teólogos del

Vaticano sobre un cambio en la interpretación de la Biblia. Pero la principal traba era que no había observación alguna que probara categóricamente que la Tierra se movía. De hecho, la mejor prueba que se había hecho hasta el momento, que buscaba un fenómeno conocido como paralaje, se interpretó más fácilmente como una demostración de que la Tierra era estacionaria.

El paralaje es el cambio de posición de un objeto en primer plano sobre un fondo visto desde perspectivas diferentes. Se comprueba fácilmente colocando el dedo índice a unos treinta centímetros de la cara. Cierre un ojo y observe dónde queda el dedo en relación con el fondo. Ahora cambie de ojo, pero no mueva el dedo. Inmediatamente se dará cuenta de que, a pesar de permanecer inmóvil, su dedo parece haber saltado sobre el telón de fondo. Repita el experimento con el brazo estirado. Esta vez el dedo parece moverse mucho menos. Por lo tanto, si la Tierra se estuviera moviendo, las estrellas cercanas deberían moverse en relación con las más distantes. Pero no parecía que lo hicieran. No se observaba paralaje alguno.

Ahora sabemos que esto se debía a que las estrellas están tan lejos que los telescopios de la época eran demasiado débiles para mostrar el fenómeno. De hecho, la tecnología no mejoró lo suficiente hasta el siglo XIX. Pero el fracaso durante el siglo XVII para detectarlo significó que los teólogos no estuvieron dispuestos a cambiar sus interpretaciones de la Biblia: sin paralaje que lo respaldara, el éxito de las Leyes de Kepler, que partían de una Tierra en movimiento en su descripción del movimiento planetario a través del cielo, no se consideró suficiente evidencia.

En retrospectiva, es fácil tildar esta decisión de estúpida y dogmática, pero en aquel momento se trataba más de una cuestión práctica. Si se iban a anular mil años de creencias bíblicas y sabiduría cultural, aquellos en el poder necesitaban pruebas aplastantes que justificaran la conmoción general que ello provocaría. Y en ese momento, la Iglesia estaba mucho más preocupada por aquellas otras observaciones de Galileo que los jesuitas sí habían verificado y que eran motivo de graves preocupaciones teológicas.

Las observaciones en cuestión mostraban una miríada de estrellas en el cielo nocturno invisibles a simple vista. En cuanto Galileo levantó su telescopio, vio muchas más cosas que antes. Este hecho es ahora algo totalmente normalizado, pero en aquel momento representó una absoluta conmoción y planteó una pregunta que sacudía los cimientos de la comprensión que se tenía del cielo nocturno y nuestro lugar en relación con él. ¿Por qué razón escondería Dios cosas de nuestra vista?

En busca de la respuesta, Occidente continuó redefiniendo nuestra relación con el cielo nocturno, alejándose cada vez más de las viejas certezas hasta abandonarlas totalmente. Según algunos psicólogos, este cambio en nuestra comprensión del papel del cielo nocturno en nuestras vidas fue tan profundo que todavía hoy sufrimos las consecuencias.

7

Catástrofe y la pérdida del conocimiento

La filosofía cristiana del mundo consistía en la idea de que Dios lo había diseñado todo de forma que fuera útil para la humanidad. En lo que respecta al cielo nocturno, se consideraba de manera generalizada que era un mecanismo de cronometraje. Los planetas y otros objetos celestiales se movían a través de la esfera del reloj del universo, en la que las constelaciones servían para marcar su avance. Así que cuando Galileo y otros encontraron tantas estrellas hasta entonces invisibles esparcidas por el cielo nocturno, se generó una enorme confusión. El dilema de por qué Dios nos habría ocultado estas estrellas alimentó un debate teológico que llevaba varios siglos cobrando fuerza sobre el concepto del pecado original y la Caída de Adán y Eva después de comer del árbol prohibido en el Jardín del Edén.

El debate se centró en la naturaleza precisa de la Caída y las consecuencias que tuvo para nosotros. En un discurso de 1662 dirigido a la congregación de la catedral de San Pablo en Londres, el predicador Robert South describió a Adán como un filósofo por nacimiento al que Dios había dotado de un perfecto conocimiento de la naturaleza y el cosmos.[60] Como parte del castigo divino por haber comido el fruto prohibido, se le despojó de dicho conocimiento. Pero, exactamente, ¿cuánto conocimiento se nos quitó a nosotros?

En un trabajo publicado en 1620 titulado *La gran restauración*,[61] el filósofo inglés Francis Bacon escribía que la emergente «filosofía mecánica» de personas como Kepler y Galileo podía redescubrir el conocimiento perdido de Adán y responder a la pregunta de cuánto conocimiento se había perdido con la Caída.

La filosofía mecánica se llamó así porque partía de la base de que el cosmos funcionaba como un mecanismo gigante, con estrictas reglas de causa y efecto. Bacon especuló con la idea de que, si basáramos nuestras teorías en la observación y la experimentación exclusivamente, nuestra comprensión de la naturaleza y el cosmos circundante podría regresar por completo a su estado original y perfecto. Era un concepto embriagador que detalló en un libro secuela, *Novum organum*, publicado también en 1620. Desaconsejó basar las nuevas ideas en otras antiguas y no probadas o ampliar ideas más allá de lo que podía demostrarse experimentalmente. Este fue el comienzo del método científico, que enfatiza la necesidad de poner continuamente a prueba nuestras ideas con más investigación.

Robert South bien pudo haber leído el trabajo de Bacon. Su discurso tuvo lugar casi dos años después de que el rey Carlos II aprobara un decreto real para crear la Royal Society of London para la mejora del conocimiento natural. Este grupo de individuos se dedicó a la investigación baconiana de la naturaleza. Incluso adoptaron el lema de *nullius in verba*, que se podría traducir como «no te creas la palabra de nadie».

Los descubrimientos telescópicos de Galileo planteaban una nueva forma de interpretar la Caída. Quizá Dios, en lugar de limitarse a arrancar la sabiduría de la mente de Adán, había alterado el cosmos para ocultar la mayor parte a nuestra vista o había atenuado nuestros sentidos. En cualquier caso, perdimos la capacidad de ver todas las estrellas. Esto significaba que, lejos de ser una amenaza para la autoridad religiosa, la invención del telescopio se convertía en realidad en algo fundamental para la salvación de la humanidad: el instrumento para redescubrir la sabiduría perdida de Adán y la expiación por el pecado original. En el otro extremo en términos de tamaño, el recién inventado microscopio realizaba la misma función con aquello que no podíamos ver a simple vista. El gran experimentalista inglés Robert Hooke lo describía así en el prefacio de su libro *Micrographia* (1665), donde presentaba sus dibujos del mundo invisible visto a través de su microscopio.

La aceptación de la nueva filosofía mecánica y experimental hizo que muchas ideas antiguas se sometieran a un nuevo escrutinio y esto condujo al abandono definitivo de las teorías de la física de Aristóteles, así como de los elementos clásicos de tierra, agua, aire y fuego. En 1611, cuando las potenciales ramificaciones de las nuevas observaciones astronómicas comenzaron a concretarse, John Donne se lamentaba en su poema *Una anatomía del mundo*:

Y la nueva filosofía llama a todos a la duda,
el elemento fuego prácticamente apagado,
el sol se ha perdido y ni la tierra ni el ingenio
de hombre
pueden decirle dónde buscarlo.

Esta incertidumbre persistió durante la mayor parte del siglo XVII. No fue hasta su última mitad que se presentaron las bases para una nueva certeza. Y su origen fue el menos pensado: un excéntrico solitario de Cambridge llamado Isaac Newton.

Todo comenzó en enero de 1684, cuando el astrónomo Edmond Halley se reunió con Christopher Wren y Robert Hooke. Los tres eran filósofos mecánicos y miembros de la Royal Society en busca del factor subyacente que hacía que los planetas obedecieran las Leyes de Kepler. Eran conscientes de que esas leyes implicaban algún tipo de influencia por parte del Sol, pero se les escapaba la descripción matemática estricta de su comportamiento.

De los tres, Halley era el mejor matemático, pero incluso él se mostraba perplejo. Solo se le ocurría una salida: recurrir a Isaac Newton, un filósofo natural extraño, pero talentoso, que había rechazado a la Royal Society hacía más de una década para vivir como un auténtico ermitaño en el Trinity College de Cambridge. Wren animó a Halley a emprender el viaje. Hooke, que se había enfrentado a Newton por la naturaleza de los colores en la década de 1670, estaba en contra.

Haciendo caso omiso de Hooke, en agosto de 1684 Halley viajó a Cambridge en busca de ayuda. Para su asombro, Newton le anunció que ya había realizado los cálculos necesarios, pero cuando Halley pidió que le enseñara las pruebas, Newton buscó por encima y dijo que el documento se había perdido. Prometió volver a hacer los cálculos y enviarlos a Londres.

Pasaron los meses hasta que, en una reunión de la Royal Society en noviembre, se hizo entrega de un pequeño documento a Halley. Era la prueba que había esperado y mucho, mucho más. Newton estaba claramente obsesionado por el problema y había logrado derivar las tres Leyes de Kepler partiendo de la base de que existía una fuerza proveniente del Sol. A esta fuerza la llamó «gravedad» y demostró que, para que los planetas se movieran según había descrito Kepler, tenía que comportarse de una manera muy específica. Si un planeta estuviera al doble de distancia del Sol que otro, entonces la gravedad que actúa sobre el más lejano sería una cuarta parte de la que actúa sobre el más cercano. Si la distancia fuera el triple, la fuerza sería una novena parte. Se conoce como ley del cuadrado inverso y aparece mucho en física. También rige, por ejemplo, la forma en que una fuente de luz se atenúa con la distancia. De esta manera, si una estrella estuviera ubicada dos veces más lejos que su gemela idéntica, brillaría con un cuarto de intensidad.

Newton había procedido a generalizar la primera ley de Kepler para demostrar que la forma exacta de una órbita estaba determinada por la velocidad media del objeto celeste. Esto quería decir que la elipse era solo una de las formas posibles. Este hecho sería de vital importancia para Halley cuando comenzara a estudiar la forma de las órbitas de los cometas. Pero en aquel momento, sorprendido por lo que leyó, volvió veloz a Cambridge a fin de pedir permiso a Newton para distribuir el documento. Newton se negó.

Le dijo a Halley que vislumbraba una forma de ampliar el estudio para ir más allá de los planetas y abarcar el movimiento de todas las cosas. En caso de tener razón, estaría en la cúspide de una ciencia completamente nueva sobre cómo las fuerzas hacían que todas las cosas se movieran. La clave era la gravedad, que funcionaba en todo el cosmos a todas las escalas y aquí en la Tierra también. Pensaba que un objeto caía al suelo por la misma razón subyacente por la que la Luna giraba alrededor de la Tierra. Como sucedió la primera vez que Halley fue a verlo, Newton aún no tenía la prueba matemática de todo ello. Pero esta vez ambos se dieron cuenta de lo mucho que estaba en juego.

Durante miles de años, si no decenas de miles, la visión que la humanidad había tenido del cielo nocturno se había basado en la premisa de que era un reino totalmente diferente a la Tierra y, por lo tanto, sujeto a reglas diferentes. De tener razón, Newton acabaría para siempre con esta noción. Una descripción matemática unificada de los movimientos celestes y terrestres probaría que en ambos ámbitos operaban exactamente las mismas leyes naturales.

Consumido por sus cálculos, Newton comía frugalmente e incluso se olvidaba de ello con frecuencia. Realizaba las tareas cotidianas de manera distraída hasta que, de repente, lanzaba un grito en un momento de inspiración y corría a su escritorio para ponerse a trabajar, a menudo de pie, pues había olvidado acercar una silla. Tras tres años de esfuerzo constante, terminó su trabajo. El resultado fue la obra maestra científica más importante de la historia: *Philosophiæ naturalis principia mathematica* (*Principios matemáticos de la filosofía natural*). Publicado en julio de 1687, se trataba de un laberíntico trabajo matemático que mostraba todo movimiento como producto de una fuerza. Si algo se movía, la fuerza subyacente que lo impulsaba podía calcularse siempre. A veces la fuerza era obvia, como en el caso de un caballo tirando de un carro o una persona que lanzaba una pelota al aire. Otras veces la fuerza era invisible, como cuando un guijarro rueda cuesta abajo o un planeta cruza el cielo nocturno. Newton demostró que la fuerza invisible era siempre la gravedad, una fuerza de atracción generada por todos los objetos con masa.

Por asombroso que parezca, la lluvia cae sobre la Tierra por la misma razón por la que una estrella fugaz arde a través del cielo nocturno: porque la gravedad está actuando. Los únicos factores que influyen en la fuerza de la gravedad son las masas de los dos objetos involucrados y la distancia entre ellos. Al demostrarlo, Newton unificó el trabajo de Kepler sobre el movimiento celeste y el trabajo de Galileo sobre el movimiento terrestre. Además, la fórmula matemática de la gravedad de Newton permitía hacer predicciones y ponerlas a prueba con observaciones. Si se demostraba que las predicciones eran ciertas, entonces tenían que ser aceptadas como verdad, independientemente de si la idea gustaba o no; y aquí es donde Halley y su cometa entraron en escena.

Además de servir como detonante del trabajo, Halley también había llevado *Principia* hasta la imprenta. Había ejercido de corrector, editor e incluso había financiado el proyecto cuando la Royal Society agotó sus fondos con la publicación de *The History of Fishes* (*La historia de los peces*), que resultó ser un fracaso.[62] Ahora, recurrió a la gravedad como medio para comprender las órbitas de los cometas.

Hoy en día sabemos que los cometas son trozos de hielo y roca del tamaño de una montaña que se condensaron lejos del Sol cuando los planetas se estaban formando, pero en la época de Halley todavía eran un misterio. Tycho y Kepler habían demostrado que eran objetos celestes, pero seguían trayectorias claramente distintas a las de los planetas. Para demostrarlo, en *Principia*, Newton había analizado dos cometas, uno de los cuales había aparecido en los cielos vespertinos de 1680 y otro en los cielos matutinos de 1681. Argumentó que ambos eran el mismo objeto que viajaba en una órbita muy alargada alrededor del Sol y en base a esta premisa concluyó que las dos trayectorias podían considerarse como diferentes longitudes de una curva muy cerrada conocida como parábola.

A partir de ese momento, Halley asumió el desafío y se dedicó a localizar las órbitas de otros veintitrés cometas que habían aparecido entre los años 1337 y 1698. Al analizar los datos recopilados, tres cometas le llamaron inmediatamente la atención. Aparecieron en 1531, 1607 y 1682. Todos habían seguido caminos similares entre sí. Halley continuó investigando y propuso que se trataba en realidad del mismo objeto que regresaba una y otra vez. De ser así, y basándose en la órbita elíptica que había calculado, se volvería a ver a finales de 1758, principios de 1759.

El día de Navidad de 1758, un astrónomo aficionado y granjero alemán llamado Johann Georg Palitzsch vio aparecer un cometa en el cielo. Una comprobación rápida de su ubicación demostró que se trataba, efectivamente, del cometa de Halley, que volvía tal y como se había pronosticado. Fue un momento decisivo para la revolución científica. Lo que había comenzado con la defensa de la Tierra en movimiento por parte de Copérnico, culminaba ahora con la unificación de la física terrenal y celeste por parte de Newton. Dicho logro corroboraba que el análisis matemático podía desentrañar la causa de los fenómenos físicos y del orden del universo. Demostró el poder de la ciencia para predecir el futuro (ganando así a los astrólogos en su propio juego) y preparó el terreno para una eclosión de investigaciones científicas de todo tipo que continúa hasta el día de hoy. A este enorme terremoto cultural se le dio el nombre de Ilustración y en ella la tradición y la jerarquía fueron reexaminadas bajo el nuevo y muy valorado prisma de la razón y la ciencia.

Es difícil exagerar al hablar de la importancia de este momento en la historia. Pero también tuvo un lado negativo. Tanto Edmond Halley como otros estudiosos comenzaron a darse cuenta de que no todos sus noveles descubrimientos eran agradables. De hecho, al estudiar los cometas, Halley había dado con algo aterrador.

Al calcular las trayectorias marcadamente elípticas de los cometas, Halley comprobó que estos misteriosos objetos celestes llegaban del espacio profundo y cruzaban la órbita de la Tierra para salir disparados y dar la vuelta al Sol, volviendo a cruzar la trayectoria de la Tierra una vez más, antes de regresar a la oscuridad. Y se percató de que, al cruzar nuestra órbita, un cometa podría colisionar con nosotros.

Era consciente de que tenía que hablar de sus hallazgos con sus colegas, pero temía entrar en conflicto con las autoridades religiosas y exponerse a que lo acusaran de alarmista. Entonces, previa promesa de que sus descubrimientos no se darían a conocer públicamente, un día de diciembre de 1694, Halley compareció ante los miembros de la Royal Society y departió en secreto sobre el hecho de que el fin de la civilización podría venir del cielo nocturno.

Se trataba de un pensamiento escalofriante y comenzó a pensar si podía haber alguna evidencia histórica de que tal catástrofe hubiera sucedido antes. A su mente acudió inmediatamente el diluvio bíblico. El libro del Génesis del Antiguo Testamento reescribe el mito del diluvio que tiene su origen en Mesopotamia, en las epopeyas de Ziusudra y Gilgamesh. En la versión cristiana, Dios derrama agua del cielo durante cuarenta días y cuarenta noches para inundar el mundo y destruir la humanidad por su pecado y maldad. Las únicas personas que se salvan son Noé, sus hijos y sus respectivas esposas. Noé construye un arca en la que carga un macho y una hembra de cada especie animal y escapan flotando del genocidio divino.

Lo que despertó el interés de Halley fue la causa de la inundación. Tras consultar los registros meteorológicos de los condados más lluviosos de Inglaterra concluyó que, incluso a un ritmo constante de cuarenta días y cuarenta noches, tales cantidades de lluvia no serían suficientes para sumergir toda la Tierra, porque en ese caso el agua alcanzaría solo cuarenta metros de altura. Así, solo las regiones costeras se verían afectadas. Para que la inundación alcanzara el interior era necesario algo mucho más catastrófico. Dada la ausencia de milagros en el día a día, Halley argumentó que, por lo general, el Todopoderoso ejercía su voluntad a través del medio natural y que la colisión de un cometa podría llegar a provocar que los océanos se tragaran grandes extensiones de tierra, causando una inundación de esas características.[63]

En cuanto al lugar del impacto, Halley sugirió que un cometa causaría una gran depresión al chocar con la Tierra, como el mar Caspio o cualquiera de los grandes lagos repartidos por todo el mundo. Pero su idea más ingeniosa fue, quizá, que el continente norteamericano era particularmente frío en invierno porque en el pasado había estado ubicado en el polo norte. El impacto del cometa había conseguido separarlo de la región polar, pero bajo su suelo permanecían congeladas grandes reservas de hielo.

La presentación generó interés y un gran debate entre los miembros de la Royal Society y Halley, envalentonado, regresó una semana después con algunas reflexiones adicionales que compartió bajo las mismas condiciones de discreción. Dijo que una persona cuyo juicio le merecía respeto se le había acercado y le había sugerido que el choque de un cometa con la Tierra podría llegar a causar una catástrofe aún mayor que la inundación bíblica. En opinión de dicha persona, una colisión de ese tipo podía haber ocurrido antes de la creación bíblica, destruyendo por completo el mundo anterior. Nuestro mundo se habría creado por intervención divina a partir de ese caos. Seguidamente, Halley sugirió que, tal vez, una catástrofe similar podría volver a ocurrir en nuestro mundo si Dios consideraba que era la mejor manera de asegurarse su bienestar futuro.

No todos compartían la prudente cautela con la que procedía Halley, que quería que su trabajo permaneciera inédito en los archivos de la Sociedad. Solo dos años después, en 1696, un exalumno de Isaac Newton publicó básicamente la misma idea en un libro titulado *Nueva teoría de la Tierra*. Se llamaba William Whiston y era un prometedor académico de Cambridge que, con el paso del tiempo, se dejó llevar cada vez más por la controversia y las profecías. Fue expulsado de la universidad, acusado de herejía contra la Iglesia anglicana, por rechazar la Santísima Trinidad específicamente,[64] tras lo cual se dedicó a dar conferencias públicas sobre ciencia. También propuso otorgar un premio en efectivo a la primera persona que descubriera la forma de establecer la longitud en el mar, idea que fue recogida por el Parlamento en el Longitude Act de 1714.

Pero, en 1736, Whiston fue demasiado lejos. Sembró el pánico en Londres al anunciar que un cometa que se aproximaba a la Tierra la destruiría el 16 de octubre, provocando enormes incendios o incluso chocando con ella. Ante el creciente nerviosismo de la ciudadanía, el arzobispo de Canterbury decidió intervenir y afirmó que la predicción era falsa, lo que resultó cierto. A raíz de este incidente, Whiston se convirtió en el hazmerreír de la sociedad y en un paria entre sus colegas.

Y, sin embargo, no había que investigar mucho en los registros históricos para encontrar pruebas reales de rocas cayendo del cielo. Un ejemplo particularmente conocido era el relato de la «piedra de trueno» de Ensisheim, en Alsacia.

Según los registros de la época,[65] el 7 de noviembre de 1492 una explosión atronadora resonó en Alta Renania unos minutos antes del mediodía. Personas de toda la región, que comprendía la ciudad amurallada de Ensisheim y numerosos pueblos de montaña, se aventuraron en el paisaje invernal en busca de la causa del estruendo. Un niño, sin embargo, ya la sabía; se encontraba a las afueras de la ciudad cuando una enorme piedra atravesó el cielo y cayó en un campo cercano. El muchacho llevó hasta allí a los moradores de la ciudad, que se quedaron maravillados contemplando una roca negra en un pequeño cráter de aproximadamente un metro de profundidad. Organizándose en equipo, extrajeron el cuerpo de forma triangular y lo depositaron en una zona de terreno llano donde empezaron a cortar pedazos para llevárselos a casa como amuleto. El magistrado de la ciudad también se presentó en el lugar, detuvo la caza de souvernirs y ordenó que llevaran la roca espacial a la iglesia, dentro de la ciudad.

Unas dos semanas más tarde llegó a caballo el rey Maximiliano, que se dirigía a hacer la guerra los franceses. Junto a sus consejeros, inspeccionaron la roca y decidieron (previsiblemente, quizá) que debía de tratarse de un presagio de buena fortuna. Procedieron a arrancar dos fragmentos para llevárselos como talismanes y reanudaron su marcha hacia la batalla. Un gran fragmento de la piedra permanece hoy expuesto en el Musée de la Régence de Ensisheim.

Actualmente, a estas rocas que caen del cielo las llamamos meteoritos. Son trozos de los primeros cuerpos planetarios que se formaron en nuestro sistema solar, hace 4.600 millones de años, y están compuestos principalmente por piedra y metal. Orbitan mucho más cerca del Sol que los cometas. Ahora sabemos que los meteoritos, y en particular los metálicos, son interesantes porque en su día formaron parte del núcleo de planetas recién nacidos que no llegaron a la madurez, como la Tierra. En su lugar, fueron destruidos y hechos pedazos por impactos gigantes como aquellos sobre los que especulaban Halley y Whiston.

En el siglo XV, los meteoritos eran una prueba más de que el universo estaba hecho de la misma materia que la Tierra, no de un material especial, con elementos divinos tal y como había afirmado Aristóteles. Y Ensisheim no era el único ejemplo de ello. Existían registros de otro puñado de meteoritos caídos del cielo. El más antiguo data de 861 y es de Nogata, en Japón, donde se pudo observar un destello brillante atravesando el cielo nocturno. A la mañana siguiente, los lugareños encontraron un meteorito del tamaño de un puño en un pequeño cráter. La roca espacial se conserva todavía hoy en el cercano santuario Suga-Jinja y se ha convertido en un símbolo de la religión sintoísta, una de las formas supervivientes de animismo: la religión humana original según la cual todo posee un espíritu. Se muestra al público una sola vez cada cinco años, cuando recorre las calles en un carro ornamentado encabezando un desfile.[66]

Muchos templos griegos y romanos pertenecientes a épocas anteriores contienen fragmentos de meteoritos consagrados. Aunque al analizarlos hoy en día se concluye que, en ocasiones, las rocas no proceden del espacio, el hecho de que fueran veneradas por su supuesto origen extraterrestre es importante. A lo largo de los siglos se han inventado también muchos mitos e historias populares en torno a los meteoritos. La mayoría se centran en la aparición de la luz brillante de una estrella fugaz, generada por el meteorito que atraviesa la atmósfera.[67] En Suabia, actual Alemania, por ejemplo, se pensaba que una estrella fugaz auguraba un buen año próximo. En Suiza se creía que una estrella fugaz era un mensaje divino que significaba que Dios estaba evitando una plaga. En Chile, una estrella fugaz era señal de buena suerte, pero para activar esa suerte había que coger rápidamente una piedra del suelo. En Japón y Hawái, la buena suerte de una estrella fugaz solo puede entrar en el cuerpo si la persona se afloja la vestimenta.

Aunque el avistamiento de estrellas fugaces se ha asociado habitualmente con la buena suerte, el trabajo de Halley y Whiston puso el énfasis en el hecho de que los grandes meteoritos podían causar daños importantes e incluso destrucción generalizada. Y si quedaba alguna duda al respecto, esta se desvaneció poco después del amanecer del 15 de febrero de 2013, cuando un trozo de roca de veinte metros de diámetro y más de doce mil toneladas de peso entró en nuestra atmósfera a toda velocidad cerca de la región rusa de Cheliábinsk. Se convirtió en una bola de fuego más brillante que el Sol y explotó a mitad de viaje, provocando una lluvia de meteoritos y una onda expansiva que dañó más de siete mil edificios en toda la región. Miles de personas resultaron heridas, la mayoría por la rotura de ventanas a causa de la mencionada onda expansiva. Afortunadamente, nadie murió, y en lo que respecta a la dimensión del impacto, el de Cheliábinsk fue bastante pequeño. Para asistir a algo más grande debemos mirar más atrás, al impacto de Tunguska hace algo más de un siglo.

Tunguska es una remota y casi deshabitada región de Siberia. El 30 de junio de 1908 una gran explosión sacudió el lugar. Los modelos generados por ordenador sugieren que un meteorito —o quizá, más concretamente, un pequeño asteroide rocoso— de entre 60 y 190 metros de diámetro impactó en la Tierra. Liberó cientos o incluso mil veces la energía de la bomba atómica de Hiroshima al final de la Segunda Guerra Mundial y arrasó con aproximadamente ochenta millones de árboles. La onda expansiva los despojó de sus ramas, haciendo que parecieran postes de telégrafo. No se registraron muertes, pero el testimonio de una persona que asistió al evento aquella extraordinaria mañana pone los pelos de punta. Se trataba de un comerciante llamado Semenov, que estaba sentado fuera de su casa a la hora del desayuno cuando vio cómo el cielo «se dividía en dos» y aparecía fuego encima del bosque. Se extendió rápidamente por una mitad del cielo y a Semenov lo envolvió una insoportable sensación de calor, como si su camisa estuviera en llamas. Antes de que pudiera reaccionar, la grieta en el cielo se cerró y una gigantesca explosión sonora lo lanzó unos cuantos metros hacia atrás. Mientras yacía inconsciente en el suelo, su esposa salió del interior de la casa y lo ayudó a refugiarse. Pero la terrible experiencia aún no había terminado. Un rugido atronador golpeó sus oídos, como si «cayeran rocas o dispararan cañones». Se agachó en el suelo y escondió la cabeza, esperando que en cualquier momento esas rocas que caían del cielo lo aplastaran, provocándole la muerte. Pero el calvario pasó, dejándolo con vida. A su alrededor, el terrible calor había dejado marcas de quemaduras en el suelo y el fuerte ruido había roto las ventanas.

Sin embargo, y por muy aterrador que suene, lo sucedido en Tunguska no es nada comparado con lo que los científicos creen ahora que sucedió en la península de Yucatán, en México, hace sesenta y cinco millones de años. Cerca de la costa de Chicxulub se ha descubierto un enorme cráter ahora enterrado bajo sedimentos oceánicos. Para crear tal accidente geográfico, un asteroide de unos diez kilómetros de diámetro tuvo que haber chocado con nuestro planeta. Curiosamente, el momento del impacto coincide aproximadamente con un evento de extinción masiva llamado extinción Cretácico-Terciaria (K-T) que provocó la desaparición de las tres cuartas partes de las especies de plantas y animales de la Tierra. El último de los dinosaurios se encontraba entre los que murieron.

Aunque no está totalmente probada, la hipótesis plantea que el calor del gigantesco impacto provocó incendios en todo el mundo. Los bosques y otras plantas estallaron en combustión espontánea y los escombros que salieron despedidos por la colisión volvieron a estrellarse contra la Tierra, aplastando todo aquello que se encontrara, desafortunadamente, en su camino. Esta lluvia mortal llegó a todo el mundo, ya que parte de esos escombros salieron despedidos hasta los mismos límites del espacio antes de volver a caer. Durante años permanecieron suspendidos en la atmósfera una gran cantidad de polvo y otros materiales ligeros que bloquearon la luz solar y provocaron que las temperaturas bajaran. Todo lo que sobrevivió al fuego del impacto tuvo entonces que enfrentarse al hielo de un invierno permanente. Las plantas murieron pues la luz solar no lograba atravesar la polvorienta atmósfera y esta hambruna global llegó hasta la parte más alta de la cadena alimentaria. Acabó con los dinosaurios que quedaban y despejó el camino para el surgimiento de mamíferos más pequeños, cazadores y recolectores, que acabaron evolucionando hasta convertirse en humanos.

Una vez más, este relato no difiere mucho del catastrofismo de Halley y Whiston, pero en él no es la Tierra la que resulta destruida para ser después reconstruida por Dios, sino que son las especies animales dominantes las que desaparecen, abriendo así paso a una nueva dinastía. Según los cálculos actuales, el número de asteroides en nuestro sistema solar supera al de planetas en mil millones a uno y, aunque la gran mayoría está dando vueltas alrededor del Sol pacíficamente en órbitas seguras, hay algunos en órbitas más excéntricas que podrían acercarse y representar una amenaza. Los telescopios de exploración modernos y las técnicas de detección por ordenador dejan claro que no hay asteroides del tamaño de «asesinos de dinosaurios» acercándose a nosotros, pero aún no se han muestreado todos los objetos del tamaño de Tunguska, que podrían llegar a arrasar una ciudad. Es probable que tengamos que ocuparnos de ellos conforme vayan apareciendo.

Y fue así de rápido como el cielo estrellado pasó de ser una morada celestial a ser un portador del infierno a la Tierra.

8

La muerte de la medianoche, el apogeo del pensamiento

Antes de la revolución científica, la conexión que un individuo sentía con el cielo nocturno era, por lo general, fuerte e inmediata. Sin contaminación lumínica que estropeara la vista, las estrellas llovían del cielo y se pensaba que reflejaban las idas y venidas de la Tierra. Más aún, se creía también que estudiar el cielo nocturno permitía entender lo que sucedía en la Tierra. El trabajo de los grandes astrónomos de los siglos XVI y XVII lo cambió todo. Supuso un golpe mortal para aquellas viejas formas de comprensión del universo y nos obligó a recomenzar nuestra relación con el cielo nocturno desde cero; la conexión quedó truncada, excepto en el caso de unos pocos individuos de las élites, los astrónomos, que continuaron estudiando esa nueva forma de entender el universo.

He aquí la gran ironía de la revolución científica. Con su énfasis en la predicción y la prueba, la ciencia en auge sumió a Europa y su gente en un estado de profunda incertidumbre. Las viejas «verdades» sobre la astrología y nuestros vínculos con el cielo nocturno fueron barridas del mapa, sin nada que las reemplazara, excepto la promesa de que, con el tiempo, la ciencia proporcionaría las respuestas.

A principios del siglo XX, al analizar este momento de la historia y cómo condujo al surgimiento del mundo moderno, el sociólogo alemán Max Weber acabaría acuñando el término *desencanto*. Consideraba la Ilustración y la revolución científica como los momentos en que dejamos de encantar a la naturaleza con nuestra conversación sobre dioses y espíritus, y nos centramos en la racionalidad y la ciencia para resolver nuestros misterios. Weber creía que con ello nos habíamos despojado a nosotros mismos de algo mágico que despertaba nuestra imaginación y nos conectaba de manera emocional con el cielo nocturno y otras maravillas de la naturaleza.[70] La pérdida de esta conexión, pensó, nos había afectado profundamente a nivel psicológico.

Algo que cambió de inmediato fue nuestra percepción del cielo nocturno. Ya no podía considerarse un firmamento, un plano más o menos bidimensional de estrellas y planetas titilantes. Se demostró, en cambio, que era un reino tridimensional de gran tamaño que muy probablemente contenía a su vez muchos otros mundos.

En 1704, Isaac Newton escribió un segundo gran libro. Se titulaba *Opticks* y en él exponía, fundamentalmente, el trabajo que había hecho sobre la luz y los colores en la década de 1670. No lo había publicado en todo ese tiempo esperando a que su némesis, Robert Hooke —a quien no le gustaban las conclusiones a las que había llegado—, estuviera bien muerto y enterrado. Escribió el libro en inglés en lugar de latín e incluyó un apartado final extraordinario titulado «Consultas».

En esa época, Newton tenía algo más de sesenta años y había elaborado más ideas científicas de las que podía llegar a investigar en el tiempo de vida que le restaba. Así que presentó esas hipótesis como preguntas retóricas y las enumeró en ese apartado final de su libro, marcando la agenda de las ciencias físicas que seguimos hasta el día de hoy.

La undécima pregunta estaba relacionada con el cielo nocturno y totalmente centrada en la idea de que no existían grandes diferencias entre la Tierra y el universo. Parte de la pregunta era: «¿Y no son el Sol y las estrellas fijas grandes Tierras tremendamente calientes?» Con esta frase un tanto arcaica, Newton proponía que el Sol y las estrellas eran el mismo tipo de objeto celeste. Entonces, por lógica, podía haber planetas alrededor de las estrellas. Y la conclusión, también lógica, era que algunos de esos planetas podrían estar habitados como la Tierra. Esta idea se conoció como la pluralidad de los mundos y no fue aceptada universalmente.

A Kepler, por ejemplo, le había parecido repulsiva. Como muchos otros, creía que Dios vivía en el séptimo cielo. En ese caso, si el universo era infinito, entonces ese reino quedaba también a una distancia infinita, lo que a Kepler le parecía un pensamiento aterrador.

A las figuras literarias y los artistas de los siglos XVII y XVIII, en cambio, un enorme universo lleno de planetas habitados les pareció mucho más fácil de comprender. Esto se debió, quizá, a que existía una ya larga tradición de interés literario hacia nuestras respuestas emocionales al cielo nocturno. Esa extraña mezcla de asombro, con sus matices de placer y su trasfondo de miedo, se convirtió en una piedra angular para todos aquellos que se sentían perdidos en la nueva visión del universo. A pesar de lo mucho que había cambiado nuestro pensamiento, la sensación de asombro al mirar hacia arriba siguió siendo una constante.

Así que, mientras los astrónomos se afanaban en la reconstrucción de nuestra comprensión intelectual del cielo nocturno y cómo conciliarlo con puntos de vista religiosos, los artistas y filósofos se concentraron en los efectos emocionales persistentes provocados por esas estrellas titilantes.

Las cavilaciones sobre el cielo nocturno habían caracterizado al mundo artístico desde al menos el siglo I a.C., cuando el poeta y filósofo romano Lucrecio escribió *De rerum natura* (*Sobre la naturaleza de las cosas*).[71] Se trataba de un poema didáctico que exponía las opiniones del filósofo del siglo IV a.C. Epicuro, el cual sostenía que el universo era el producto de leyes naturales más que de la intervención directa de un dios o unos dioses.

Epicuro creía en los átomos, que imaginaba como los pequeños bloques constructivos de toda materia. Como prueba de ello, señaló la forma en que los escalones de piedra se desgastan con su uso continuado. A su juicio, la naturaleza imperceptible de la erosión cotidiana demostraba que con cada pisada se borraban minúsculos pedazos de materia. También creía en la pluralidad de los mundos, porque pensaba que el incesante movimiento de átomos en un enorme o infinito universo haría que se formaran de manera natural planetas y otras estrellas alrededor del Sol. Estas dos ideas se volvieron una; creer en los átomos significaba creer en la pluralidad de los mundos y, por tanto, en un inmenso universo. Por el contrario, cuando llegó el cristianismo, sus teólogos tomaron el camino inverso y construyeron un relato basado únicamente en lo que se podía ver en el cielo nocturno.

Como hemos comentado, la Iglesia abrazó la creencia de que las estrellas eran totalmente diferentes al Sol y representaban un límite tangible (el firmamento) más allá del cual estaba el cielo de Dios. Por lo tanto, la Tierra era única y la gracia de Dios había sido otorgada por completo a los humanos. En consecuencia, la sugerencia de que existían una miríada de mundos esparcidos por el espacio constituía, efectivamente, una herejía.

Giordano Bruno sirve como ejemplo de lo peligroso que era defender esta idea. Bruno era un fraile dominico italiano nacido en 1548. Siendo veinteañero, desarrolló una serie de ideas que lo enfrentaron a las creencias fundamentales de la Iglesia católica romana. Una de ellas consistía en que había otros planetas habitados. Tras años de ser objeto de investigación y de un juicio que duró otros siete, Bruno murió quemado por la Inquisición. No cabe duda de que la severidad de su castigo se debió principalmente a que cuestionó de forma reiterada la divinidad de Cristo y la virginidad de María. Pero su creencia en la pluralidad de los mundos fue razón suficientemente importante como para constituir uno de los cargos en su contra.

En su propio trabajo, Newton intentó conjugar ambos puntos de vista. Era evidente que estaba claramente a favor de la idea de un enorme universo unificado por una fuerza de la gravedad que era igual en todas partes, pero eso no significaba que estuviera de acuerdo con la idea epicúrea de destituir a Dios en favor de la física. El prólogo de *Principia* de Edmond Halley lo deja claro. Lo escribió en forma de poema didáctico, un préstamo de Lucrecio.

El primer versículo explica al lector, sin rodeos, que Dios es responsable de la ley de la gravedad:

¡He aquí, para tu mirada, el patrón de los cielos!

¡Qué equilibrio de la masa, qué cuentas divinas!
Considere aquí también las leyes que Dios,
al idear el universo, no dejó de lado
sino que convirtió en las bases fijas de su obra.

Avanzado el poema, Halley introduce una idea que poetas posteriores supieron utilizar extremadamente bien. Era la noción de que el pensamiento científico (denominado aquí genio) podía permitirnos viajar a los cielos en sentido metafórico.

Aquellos sobre quienes el engaño arrojó su sombrío manto de duda,
elevados ahora con las alas que presta el genio,
pueden penetrar las mansiones de los dioses
y escalar las alturas del cielo. Oh, hombres mortales,
¡levantaos! Y, desprendiéndoos de vuestras preocupaciones terrenales,
aprehended la potencia de la mente nacida del cielo,
¡su pensamiento y vida lejos del rebaño retirado![72]

Las dos últimas líneas son importantes porque aluden a la idea de seres humanos creados a imagen de Dios, una característica del judaísmo, el cristianismo y ciertas formas del islam. Halley sugiere que la similitud no reside en la forma física, sino en nuestra inteligencia y la capacidad de la mente cultivada de comprender el universo circundante. Esto tocó la fibra sensible de los poetas de la época, que abrazaron tanto el concepto de Newton de un inmenso universo como la idea de Halley de viajar mentalmente al cielo nocturno para descubrir sus secretos. James Thomson, cuya obra incluye la letra de *Rule, Britannia!*, escribió un poema en memoria de Newton poco después de su muerte. Refleja la idea de la gravedad como fuerza dominante del universo y la capacidad de Newton de ascender gracias a su pensamiento científico.

> *...[Newton] alzó su vuelo ardiente*
> *a través del azul infinito; y cada estrella...*
> *Al acercarse él*
> *ardió en soles, cada uno el Centro viviente*
> *de un Sistema armonioso: todo combinado,*
> *y gobernado infaliblemente por ese único Poder,*
> *que atrae la Piedra proyectada hacia el suelo.*

Esto representó otro importante cambio en la forma de relacionarnos con el cielo nocturno, pues significó que los vivos podían «viajar» a los cielos y regresar sabiendo cómo funcionaban. Con anterioridad se creía que el reino estrellado nos era inescrutable hasta el momento de nuestra muerte, como ilustran las tablas de estrellas en las tapas de los ataúdes egipcios, que guiaban a las almas difuntas a través del cosmos. Ahora, sin embargo, podemos llegar allí cuando queramos si pensamos en ello de la manera correcta. Fue otro ejemplo de cómo el cosmos se estaba convirtiendo en un reino tangible o, al menos, susceptible de ser conocido. La idea era a la vez estimulante y abrumadora, y esta combinación de placer y miedo la hacía fascinante a ojos de aquellos filósofos que tanto tiempo llevaban interesándose en lo que ellos llamaban lo sublime.

El debate sobre lo sublime era un rasgo de la estética, la rama de la filosofía que se ocupa de nuestra apreciación del arte y la naturaleza y por qué encontramos algunas cosas hermosas. La estética es, en esencia, parte de un debate mucho más amplio sobre la forma en que interactuamos con la naturaleza y la manera en que nuestros sentidos nos brindan experiencias que nos provocan emociones. En este debate, el término *sublime* se reserva para aquellas experiencias que encontramos hermosas, pero no podemos aprehender por demasiado grandes, o que nos recuerdan lo pequeños que en realidad somos.

En general, un objeto bello es algo que proporciona placer al espectador. Habitualmente se trata de algo pequeño y que no constituye una amenaza, mientras que un objeto sublime es una cosa hermosa o una visión tan abrumadora que nos genera también algún tipo de miedo. El cielo nocturno era el ejemplo perfecto de lo sublime, por el cóctel de emociones que sentimos al mirarlo. En 1712, el ensayista inglés Joseph Addison describió el universo newtoniano como una entidad sublime, enfatizando la inmensidad apenas comprensible de todo ello.

> *Cuando inspeccionamos toda la Tierra a la vez, y los varios planetas que se encuentran cerca de ella, nos llena de grato asombro el ver tantos mundos colgando uno por encima del otro, y rotando sobre sus ejes con tan asombrosas pompa y solemnidad. Si, después de esto, contemplamos esos amplios campos de éter, que alcanzan en altura desde Saturno hasta las estrellas fijas, y llegan en anchura casi hasta el infinito, nuestra imaginación encuentra su capacidad llena de tan inmensas posibilidades, que*

se tiene que esforzar al máximo para comprenderlo. Pero si subimos aún más y consideramos las estrellas fijas como otros tantos vastos océanos de llamas, cada uno de ellos acompañado de un conjunto de planetas diferente, y descubrimos aún nuevos firmamentos y nuevas luces, que se hunden más en esas profundidades insondables del éter, para no ser vistos por el más potente de nuestros telescopios, estamos perdidos en tal laberinto de soles y mundos, y estamos perplejos ante la inmensidad y magnificencia de la naturaleza.[73]

Addison está diciendo, en efecto, que si bien la mente humana puede llegar a comprender la idea del Sol y su colección de planetas, tratar de imaginar la inmensidad que hay más allá es demasiado. La oración final del pasaje introduce la idea de un número incontable de planetas como la Tierra que ningún telescopio puede ver, siendo esto lo que provoca en Addison la sensación de lo sublime. Define la frontera entre la experiencia sensorial (podemos ver los planetas del Sol) y el salto de imaginación necesario para contemplar los otros mundos que sentimos están ahí, pero que en realidad no podemos ver. El pensamiento científico guía a la imaginación para que pueda realizar ese salto con éxito y esto marca el cielo nocturno como algo único, algo que ahora se denomina el sublime cósmico.

En 1757, el filósofo irlandés Edmund Burke escribió *Indagación filosófica sobre el origen de nuestras ideas acerca de lo sublime y lo bello*. El libro se convirtió en un texto de referencia sobre el tema pero, sorprendentemente, el autor solo menciona el cielo nocturno una vez, limitándose a decir que «Los cielos estrellados, aunque los vemos con tanta frecuencia, nunca dejan de evocar una idea de grandeza». Se interpreta que Burke está diciendo que la idea del sublime cósmico es tan obvia que no necesita más discusión.

Los poetas de la época exploraron a fondo la sensación que nos causa encontrarnos bajo cielo nocturno. De hecho, los nocturnos eran una popular forma de poesía que encajaba perfectamente con el tema. Por lo general, celebraban la común experiencia humana por la cual es más fácil para la mente abstraerse del mundo tangible por la noche. Cuando se hace la oscuridad, nuestro pensamiento tiende a abordar temas más contemplativos.

«A Summer Evening's Meditation», el poema de 1773 de Anna Barbauld, comienza con una cita del poema de Edward Young de 1742, «Night Thoughts»: «Un sol de día, de noche diez mil brillan». La frase, sencilla, captura a la perfección la undécima pregunta de Newton. A continuación, Barbauld se refiere al sol como un sensual tirano y describe cómo brilla Venus en el cielo crepuscular, impaciente por que llegue la noche. Cuando la oscuridad ya es completa, habla del cambio emocional que se da en nosotros: «Esta muerte de la medianoche es el apogeo del pensamiento y la sabiduría alcanza su cenit con las estrellas».

En la *Crítica de la razón práctica* (1788), el filósofo alemán Immanuel Kant abundó en una idea similar, estableciendo un vínculo explícito entre nuestra humanidad y nuestra contemplación del cielo nocturno. «Dos cosas llenan mi ánimo de creciente admiración y respeto, a medida que pienso y profundizo en ellas: el cielo estrellado sobre mí y la ley moral dentro de mí.» Prosigue afirmando que los anteriores no son conceptos separados: «Las veo ante mí y las enlazo directamente con la conciencia de mi existencia».

Para Kant, esta conexión es la clave, porque los cielos estrellados y la ley moral implícita representan tendencias humanas opuestas que deben reconciliarse. Por un lado, nuestra concepción del cielo nocturno nos sitúa en un universo inmenso, lo que hace que nos sintamos pequeños e intrascendentes. Kant llega afirmar, incluso, que tomar conciencia de esto «aniquila» nuestra importancia como individuos. Por otro lado, el poder distinguir lo correcto de lo incorrecto y la capacidad de elección que esto nos otorga sobre nuestras acciones nos sitúa por encima de todos los demás animales. También por encima de la materia sin inteligencia del universo, a la que no le queda otra que obedecer servilmente a las leyes de la física. Kant está describiendo, efectivamente, lo sublime, esa extraña mezcla de miedo (a la aniquilación) y placer (al comprender).

Hay una simetría particularmente hermosa en la forma en que Kant compara la extensión infinita del espacio con la profundidad infinita del pensamiento en cada uno de nosotros. Al hacerlo, está diciendo que nuestra capacidad para percibir y comprender el cielo nocturno, junto con nuestra capacidad para distinguir el bien del mal, son la auténtica muestra de lo que es ser humano. Qué nobles que nos hace parecer esto, como especie y como individuos. Señala, además, que cada uno de nosotros somos un ser finito, consciente por un corto período de tiempo, y aun así, aspiramos a comprender el cosmos infinito en el que nos encontramos vivos.

En 1790, Kant escribió la *Crítica del juicio*. En este trabajo, el autor profundizó el previo enfoque de Burke sobre la belleza y lo sublime, y abordó directamente nuestra contemplación del universo infinito. Desarrolló la idea de que, si bien nuestros sentidos tienen limitaciones, nuestro intelecto no. En su opinión, un objeto puede ser bello si podemos experimentarlo en su totalidad. Podemos, por ejemplo, apreciar una flor en su totalidad porque podemos mirarla desde todos los ángulos, tocarla, olerla, incluso saborearla si queremos. Por el contrario, el vasto universo que nos rodea desborda nuestros sentidos, haciendo que nos sea imposible experimentarlo por completo y, por tanto, vivir la experiencia de lo sublime. Kant consideraba que las matemáticas ofrecían una forma de unir las dos experiencias.[74]

La ley de la gravedad de Newton se puede aplicar a todo el universo y explica una asombrosa variedad de fenómenos. La ecuación matemática de Newton para la gravedad, que depende de solo cuatro cantidades matemáticas que permiten entenderla en su totalidad, explica, por ejemplo, la razón por la que se forman las estrellas y los planetas, la razón por la que permanecen en órbita y la razón por la que nos mantenemos en la superficie de la Tierra. Es por ello por lo que los científicos consideran que las ecuaciones y las teorías que representan son bellas: porque se pueden apreciar en su totalidad. Así, Kant argumentó que el razonamiento matemático nos permite desarrollar formas de entender las cosas que nuestros sentidos son incapaces de percibir en su totalidad. De una sola vez, canonizó el razonamiento abstracto que hoy es parte integral de la investigación científica de aquellas cosas que, por su gran tamaño, no podemos experimentar. Y dio nombre al asombroso placer que experimentamos cuando capturamos con una expresión matemática una regla subyacente en la naturaleza. Lo llamó lo sublime matemático.

Pero en el siglo XVIII, la gran mayoría de las personas carecían de conocimientos matemáticos. Solo la élite, los superdotados o los afortunados recibían una educación formal. Incluso hoy en día son muchos los que evitan las matemáticas en la escuela. Entonces, ¿significa esto que la emoción única que provoca lo sublime matemático está fuera del alcance de la mayoría de las personas? Para nada. Con el transcurso del siglo se desarrolló una solución. Emergió una disciplina que difumina la frontera entre arte y ciencia y que todavía hoy sigue estando muy extendida. Lo que estás leyendo ahora mismo es un ejemplo de ello: la divulgación científica.

La divulgación científica busca recrear un sentimiento de lo sublime, estimulando la imaginación popular con el conocimiento científico. Guía nuestras mentes para pensar en cosas que están más allá de nuestra capacidad de experimentar, a pesar de lo cual se pueden alumbrar con investigación científica o análisis matemático. Pero, en lugar de trabajar con todas esas matemáticas, el divulgador traduce las conclusiones en palabras o imágenes y las usa para estimular la misma imaginación que se despierta cuando nos encontramos bajo el cielo nocturno.

Uno de los primeros ejemplos de esto fue *Conversaciones sobre la pluralidad de mundos*, del francés Bernard le Bover de Fontenelle. Publicado en 1686, un año antes de *Principia*, la obra maestra de Newton, el libro exploraba la idea copernicana de que el Sol es el centro del sistema solar y la cuestión de si encontraríamos vida en otras partes del universo. Consistía en una serie de conversaciones entre un filósofo y un noble mientras caminaban por un jardín, de noche, bajo las estrellas.

La creciente popularidad de las charlas de divulgación científica a lo largo del siglo XVIII se debió también a que quienes las impartían aprendieron a trasladar la ciencia al teatro. Lo lograron por medio de demostraciones experimentales y otros aparatos, así como gracias a sus propias habilidades oratorias. En la práctica, combinaron la tradición literaria de lo sublime con la matemática de Kant para presentar el cosmos de una manera que nadie había visto ni experimentado antes.

Un objeto particularmente importante en este tipo de presentaciones fue el planetario. Se trataba de un dispositivo en el que unos mecanismos de relojería ponían en movimiento un modelo del sistema solar que mostraba cómo se movían los planetas alrededor del Sol. Diferentes globos circulando a diferentes velocidades permitían a los espectadores contemplar el sistema solar con los ojos de Dios. De esta manera, lo que antes se parecía matemáticamente abstracto, se sentía ahora comprensible y real, una vez visto a través de un modelo con los propios ojos.

Las pinturas de Joseph Wright de Derby, como su obra de 1766 *Un filósofo da una lección sobre el planetario de mesa*, reflejan el crecimiento de este nuevo pasatiempo. La astronomía no fue la única disciplina objeto de este tipo de presentación pública. La imagen más famosa de Wright, *Experimento con un pájaro en una bomba de aire*, de 1768, representa un pájaro que se tambalea mientras un filósofo de pelo cano extrae el aire de la urna de cristal en la que el animal se encuentra; el público observa y sus caras trasmiten emociones que van desde la fascinación hasta la incomodidad, pasando por la consternación.

Si bien estas pinturas en concreto ilustran demostraciones en hogares adinerados, el interés por ellas iba en aumento también entre los ciudadanos de a pie. Cuanto más crecía la demanda por estos eventos, más eran los lugares donde se celebraban, el público que asistía a ellos y el equipo utilizado. En el norte de Inglaterra, una familia dio con una fórmula para la divulgación científica tan exitosa que pasaron siete décadas dando charlas públicas sobre el cielo nocturno. La clave fue que se referían a sus espectáculos no como ciencia, sino como experiencias estéticas diseñadas principalmente para infundir en sus audiencias sentimientos de lo sublime con los nuevos conocimientos astronómicos.

Adam Walker nació en el Distrito de los Lagos de Inglaterra en 1730. Era hijo de un comerciante de lana y poseía muy poca educación formal. Llegada la década de 1760, sin embargo, se convirtió en director de una escuela en Manchester. En 1766, tras el nacimiento de su primer hijo, dejó su empleo, compró un equipo de demostración a un profesor que se jubilaba y pasó los siguientes años viajando por el norte de Inglaterra, Escocia e Irlanda impartiendo charlas sobre ciencia.

Su trabajo atrajo la atención de científicos acreditados como Joseph Priestley, que había descubierto el oxígeno a mediados de la década de 1770. Priestley creía que el público debía recibir educación científica y él mismo era un reconocido conferenciante. Fue, sin duda, una gran influencia para Walker, al cual proporcionó más aparatos para sus demostraciones a fines de la década de 1770. Ambos creían que el estudio y la difusión de la ciencia aportaban beneficios morales. En 1799, Walker publicó *System of Familiar Philosophy*, un libro para todos los públicos con el objetivo de compartir conocimientos y defender la ciencia como un camino hacia la iluminación personal y social. Si bien su carrera era ya un éxito, lo que realmente hizo famoso a Walker fue su decisión de dar conferencias sobre astronomía. Para poder llevar la grandeza del cielo nocturno y el universo circundante a los teatros, inventó una máquina a la que llamó Eidouranion, palabra de origen griego que significa «imagen de los cielos».

No quedan planos ni artefactos de esta máquina, por lo que nadie sabe exactamente cómo funcionaba, pero no hay duda de se hicieron varias versiones, primero para mejorar el diseño y luego para aumentar su tamaño de manera que Walker y sus hijos pudieran usarlo en lugares más grandiosos. De las muchas reseñas que se publicaron en los periódicos de la época, se desprende que el Eidouranion era una gran pantalla suspendida en el escenario. Delante de ella había una serie de imágenes transparentes del cielo nocturno —como los signos del zodíaco y los planetas— que se iluminaban desde atrás. Cuando las luces del teatro se atenuaban, las imágenes coloreadas brillaban como si estuvieran suspendidas en la oscuridad del espacio. Pero la mejor parte era que, mientras Walker hablaba con su público sobre las maravillas del cosmos, mecanismos nunca vistos cobraban vida haciendo que los planetas orbitaran alrededor del Sol y rotaran simulando el día y la noche. Cada planeta se movía a una velocidad representativa y juntos generaban un complejo movimiento que cautivó a la audiencia.

Una descripción de la máquina, escrita en 1782 y publicada en el *Morning Herald and Daily Advertiser,* concluía que «además de ser el más brillante y hermoso espectáculo, educa la mente de manera sublime». Un artículo muy posterior publicado en 1840 en la *Revista de la Ciencia* se mostraba de acuerdo con esta conclusión diciendo de un dispositivo similar que «lograba transmitir al menos algo del sistema del universo, infinitamente más formidable». El Eidouranion de Adam Walker permitió al público participar de la sensación de lo sublime cósmico, en parte porque encarnaba la característica más definitoria del universo: el misterio. La audiencia no entendía en absoluto cómo funcionaba el artilugio, de la misma forma que desconocían por completo la gravedad y cómo esta hacía que el universo girara como infinitos mecanismos de relojería.

Hacia finales del siglo XVIII, el mundo occidental estaba desgarrado por el conflicto. Al otro lado del Atlántico se libraba la Guerra de la Independencia de Estados Unidos y, al otro lado del Canal, la Revolución francesa. Además de las vidas que se estaban cobrando, estos conflictos estaban liquidando el orden tradicional con la pérdida de las colonias de Gran Bretaña en América y del control del poder, antes en manos de la aristocracia, en Francia. Muchos establecieron un paralelismo con la nueva forma de estudiar la naturaleza y cómo esta estaba acabando con la visión tradicional del mundo, por lo que culparon a la ciencia y sus tendencias progresistas de ayudar a fomentar estas turbulencias. Dicha identificación se vio reforzada por el hecho de que algunos científicos expresaron abiertamente sus simpatías por los revolucionarios extranjeros; uno de estos llamados *disidentes* fue el mentor de Adam Walker, Joseph Priestley.

En el verano de 1791 estallaron una serie de disturbios en la ciudad inglesa de Birmingham. Los violentos atacaron las casas de Priestley y otros disidentes y, por culpa de simple asociación, las casas de los científicos que acudían a una organización llamada la Sociedad Lunar. La vivencia supuso un calvario para Priestley, que fue expulsado de la ciudad y finalmente abandonó el país.

Las emociones que desencadenaron tan violenta reacción son también elementos claros del «desencantamiento» de Max Weber, que se sumaron a principios del siglo XIX para dar lugar al Romanticismo, movimiento artístico que buscaba concentrarse en nuestra individualidad y respuesta emocional a la naturaleza. En Londres, sin embargo, hubo un comentarista que, tras presenciar el espectáculo de astronomía de los Walker, siguió defendiendo la nueva forma de estudiar el cielo nocturno. En un artículo en el *Monthly Mirror* afirmó que venerar la astronomía y homenajear su capacidad para desentrañar el diseño cósmico «benefactor» era lo opuesto a los sentimientos que estaban instigando los violentos acontecimientos en el mundo.

En 2017, Jan Golinski, profesor de historia y humanidades de la Universidad de New Hampshire, realizó un análisis en clave moderna de las diversas reacciones y críticas al espectáculo de los Walker. Su conclusión fue que «transmitiendo la majestuosidad del universo en sus charlas, los Walker provocaron en su público sentimientos de asombro y admiración cuasi religiosos».[75]

Fue, sin duda, esta actitud reverente la que permitió a los Walker hablar de cosas anteriormente condenadas como ateas. Defendieron, en particular, la idea de la pluralidad de los mundos, utilizando la abrumadora idea de otros planetas habitados como una forma de demostrar la sublime majestuosidad del universo. Mientras que antes la idea de otros mundos habitados había estado fuertemente vinculada a Epicuro y su idea de un universo sin Dios, los Walker descartaron esa asociación y hablaron, en su lugar, de un universo divino, lo que implicaba que Dios lo había diseñado para que estuviera siempre lleno de planetas. Esta explicación religiosa proporcionaba una garantía para todo aquel que se sintiera demasiado a la deriva en la inmensidad del espacio. Los nocturnos de la época solían utilizar un truco similar. Exploraban las ideas del sublime cósmico contrastando nuestras sensaciones físicas con aquello que imaginábamos impulsados por la ciencia, y luego, en los últimos versos, cuando todo amenazaba con volverse demasiado sobrecogedor, llevaban la idea al campo de la religión.

A lo largo del siglo XIX, la divulgación científica se fue consolidando cada vez más como un medio para difundir la visión científica del universo y un grupo de novelistas se interesó en una paradoja que esto provocaba en nosotros.[76] Al alzar la vista hacia el cielo nocturno, sentimos de manera subjetiva que estamos mirando una cúpula negra con estrellas titilantes superpuestas las unas sobre las otras y que la Tierra está en algún tipo de posición central. Pero la ciencia nos dice que, objetivamente, estamos mirando hacia un vacío en el que no hay prácticamente nada. La ocasional estrella del tamaño de la punta de un alfiler es, de hecho, una masa ardiente similar a nuestro Sol, un «centro» completamente nuevo para el universo. Conciliar la interpretación natural que nuestro cerebro hace de la experiencia con los hechos reales del asunto nos lleva a cada uno de nosotros a desarrollar una «imagen» de ese universo más amplio que guardamos en nuestra imaginación. Anna Henchman, profesora asociada de Inglés en la Universidad de Boston (Massachusetts), llama a esta imagen mental «el cielo estrellado interior».[77]

Algunos escritores de la época establecieron paralelismos entre lo anterior y lo difícil que nos resulta conciliar experiencias subjetivas con hechos objetivos en nuestra vida diaria, y comenzaron a buscar en el tema de la astronomía metáforas que pudieran usar a la hora de escribir sus novelas. George Eliot, Thomas Hardy, Charles Dickens y León Tolstói, entre otros, salpicaron sus relatos con referencias al cielo nocturno y al trabajo de los astrónomos. Se inspiraron en la forma en que nos vamos adaptando a los cambios en nuestro entendimiento del cielo nocturno mediante la construcción de historias que, a menudo, contrastan la experiencia subjetiva de un personaje central con el punto de vista de un narrador objetivo que proporciona al lector una visión completa.

Estos novelistas ayudaron también al desarrollo de la novela épica con múltiples puntos de vista a la que hoy en día estamos tan acostumbrados. En ella, diferentes personajes perciben las acciones de los demás desde diferentes puntos de vista, pero solo el lector tiene la visión general objetiva de lo que piensan todos ellos. De esta forma, el lector contempla el mundo ficticio como un todo pero experimentando al mismo tiempo la percepción individual de cada personaje.

En los primeros capítulos de la novela de 1882 *Dos en una torre*, de Thomas Hardy, su personaje central, Swithin St Cleve, corteja a Viviette Constantine hablándole de cómo la astronomía está desentrañando los secretos del cielo nocturno. Hardy compartía en el prefacio del libro que «esta breve historia de amor surge del deseo de situar la historia emocional de dos vidas infinitesimales frente al formidable telón de fondo del universo estelar».

St Cleve explica que las estrellas ocultan su verdadera naturaleza a nuestros ojos. Solo cuando miramos más profundamente, con telescopios u otros instrumentos, comprobamos que el sereno cuadro que aparenta ser el cielo nocturno es solo una fachada. Queda al descubierto que las estrellas son variables, tormentosas, incluso tempestuosas. Están separadas unas de otras por vastas extensiones de vacío difíciles de comprender, casi como los pensamientos internos de una persona se ocultan a la vista de los desconocidos.

En su última novela, *Daniel Deronda* (1876), la escritora George Eliot usa palabras y frases normalmente asociadas con las estrellas y el cielo nocturno para hablar de los confines de la experiencia humana.

Los novelistas no fueron los únicos en intentar conciliar los nuevos conocimientos sobre el cielo nocturno con sus experiencias innatas. También lo intentó Vincent Van Gogh. En la Navidad de 1888, el artista se vio envuelto en una discusión con su colega Paul Gauguin en la casa que compartían en Arles, en el sur de Francia. Si bien los detalles de su desacuerdo siguen sin estar claros, las consecuencias fueron terribles. Van Gogh se retiró a su habitación y se cortó parte o toda la oreja izquierda con una cuchilla de afeitar. Esto desencadenó una serie de acontecimientos que culminaron con la que podría considerarse la obra maestra de Van Gogh, *La noche estrellada*.

A principios de ese año, Van Gogh había escrito a su hermano una confesión. El pintor estaba pasando por claras dificultades para llenar el vacío dejado por la pérdida de su fe religiosa e informaba a su hermano de su «tremenda necesidad de, no sé si decir la palabra —de religión—, así que salgo por la noche a pintar las estrellas».[78]

Tras autolesionarse, Van Gogh ingresó voluntariamente en el hospital psiquiátrico de Saint Paul de Mausole. Un día se despertó temprano y miró al cielo antes del amanecer. Si bien los contornos del paisaje circundante eran apenas perceptibles, el cielo estaba iluminado por un cuarto de luna menguante, el brillante planeta Venus y varias estrellas. Van Gogh pintó la escena.

En 1845, William Parsons, tercer conde de Rosse (1800-1867) construyó el telescopio más grande del mundo en Birr Castle, condado de Offaly, Irlanda. (Interfoto / Alamy)

La noche estrellada representa una ciudad con una iglesia, a oscuras, bajo las estrellas. El campanario de la iglesia justo toca el cielo, pero un ciprés en primer plano lo penetra claramente.

La parte más llamativa de la composición, sin embargo, es el tenue remolino de luz que el artista situó en el centro mismo de la imagen. A primera vista, parece una floritura surrealista, pero cualquier astrónomo del siglo XIX hubiera reconocido inmediatamente la fuente de inspiración de Van Gogh.

En 1845, William Parsons, tercer conde de Rosse, había construido el tubo más grande del mundo. Bautizado como el Leviatán de Parsonstown, estaba ubicado en su ancestral morada, Birr Castle, en el condado de Offaly, en Irlanda. El espejo medía 1,83 metros de diámetro y estaba alojado en un tubo de 16,5 metros de largo, suspendido entre dos paredes de ladrillo de 12 metros de altura.

Con la ayuda de Leviatán, Lord Rosse había realizado el bosquejo de un extraordinario remolino de luz tenue en la constelación norte de Canes Venatici, los perros de caza. Invisible a simple vista, hoy se sabe que esta delicada luz es una distante galaxia que contiene cientos de miles de millones de estrellas. Las nuevas estrellas que nacen en este sistema de rotación lenta forman de manera natural estos hermosos brazos espirales. Sin embargo, en ese momento se desconocía su naturaleza; no era más que una joya de la noche que nos cautivaba con su misterio.

Por lo tanto, Van Gogh se limitó a colocarlo en el lugar que le correspondía, tal vez como un talismán de su propia atracción por la enigmática promesa contenida en el cielo nocturno. Lo que está claro es que, al representar las estrellas de esta manera, los novelistas y artistas de la época nos acercaban el cielo nocturno y sus misterios, llevándolos al terreno de nuestras experiencias cotidianas. Después utilizaban nuestra respuesta innata a todo ello como un medio para iluminar nuestra vida diaria. Todo esto, decían, se puede racionalizar de la misma manera en que encontramos sentido a nuestras ideas contrapuestas sobre el cielo nocturno. Estos escritores y artistas exploraban, en esencia, lo sublime cósmico y la paradoja de ver algo y creer a pesar de ello que es diferente.

A mediados de la década de 1990 pude experimentar esta paradoja de primera mano. Como estudiante e investigador que era, en aquel momento formaba parte de un viaje de observación al Telescopio Anglo-Australiano en Siding Spring Mountain, en la cordillera de Warrumbungles, en Australia. Me había licenciado en Astronomía y estaba investigando para un doctorado. Si bien se puede decir que estaba bien versado en la comprensión teórica del universo, la primera vez que me encontré bajo el cielo australiano lo sublime realmente se apoderó de mí. No había contaminación lumínica alguna en la montaña y me asombró la cantidad de estrellas que podía ver. Tantas, que al principio me resultó difícil distinguir las constelaciones que conocía. Las estrellas se veían tan brillantes y «cercanas» que sentí una necesidad casi irresistible de estirar el brazo y coger una. Fue extrañamente desconcertante: una parte de mi cerebro sabía que las estrellas eran soles a una distancia extrema y otra parte me decía que podía coger una, como si fuera una especie de dios.

Más tarde, al reflexionar sobre la experiencia, decidí que esos fantásticos delirios ocurren cuando nuestro cerebro tiene dos imágenes contradictorias de algo.

Normalmente, una de las imágenes es muy grande y está intelectualmente bien definida, mientras que la otra es subjetiva y personal. Puede que sea incluso este tipo de yuxtaposición la que impulsa nuestra creatividad: el deseo de capturar algo que nos desborda en algo que podemos comprender.

9

Utopía

A medida que los astrónomos iban desvelando cada vez más cosas sobre el cielo nocturno y los objetos celestes que contenía, la gente empezó a concebirlo como un reino físico más que celestial. Y eso significó que comenzaran a pensar también en cómo explorarlo.

Desde la antigüedad, escritores y poetas han dejado volar ocasionalmente su imaginación y soñado con viajar al cielo nocturno. Un ejemplo temprano es la obra *Relatos verídicos*, escrita en el siglo II d.C. por el satírico griego Luciano de Samósata para burlarse de los diarios de viaje. Es la narración de un viaje a la Luna que resulta ser de todo menos celestial y en la que la Luna está tan asolada por las guerras como la Tierra.

Estas historias proliferaron en el siglo XVII, cuando los astrónomos se encontraban realizando sus grandes descubrimientos telescópicos. En 1638, el clérigo anglicano John Wilkins publicó *El descubrimiento de un mundo en la Luna*. Le siguió dos años más tarde *Un discurso sobre un nuevo planeta*. Ambos popularizaron la idea de Galileo de que la Luna era un mundo por derecho propio. Wilkins anhelaba la invención de las máquinas voladoras y de las naves espa-

El obispo Francis Godwin (1562-1633) publicó en 1638
El hombre en la Luna para describir cómo podría ser explorar
nuestro vecino celeste más cercano. La portada describe ese insólito viaje.
(Biblioteca Británica)

ciales, y consideraba que llegar a lugares previamente fuera de nuestro alcance era un deseo fundamentalmente humano. También en 1638, otro clérigo, el obispo Francis Godwin, publicó *El hombre en la Luna* como una exploración ficticia de nuestro vecino más cercano en el cielo.

La portada del libro está ilustrada, de forma memorable, con una bandada de cisnes que eleva y se lleva de viaje al personaje central.[79]

A veces eran los propios astrónomos quienes escribían las historias. Johannes Kepler firmó un trabajo llamado *Somnium* en 1608, cuando se encontraba inmerso en su investigación sobre las órbitas planetarias. El título proviene del latín y significa sueño, y la historia narra la aventura de Duracotus, un niño islandés de catorce años al que un demonio que solo puede viajar en las sombras lleva a la Luna durante un eclipse solar total. Kepler describe correctamente cómo superar la atracción de la gravedad de la Tierra mediante una aceleración que permite entrar en el campo gravitacional de la Luna, la cual requiere de una desaceleración para tocar suavemente su superficie. En su historia, la Luna se llama «la isla de Levania» y la Tierra, Volva.

Una vez a salvo en Levania, Duracotus comprueba cómo se ve un eclipse solar desde su nueva perspectiva. También contempla los dos hemisferios lunares; el lado más cercano, que Kepler llama Subvolva, y el más alejado, Privolva. La Tierra no se ve desde Privolva, mientras que desde Subvolva está siempre en el cielo. Kepler describe la Tierra pasando por fases, como la Luna, y ofrece también una descripción detallada de los movimientos del Sol, la Tierra y los planetas vistos desde la Luna. *Somnium* es relevante porque presenta conocimientos científicos en forma de relato. Kepler nunca pretendió publicarlo; el libro no vio la luz hasta 1634, cuando su hijo, Ludwig, dispuso que se imprimiera póstumamente. A pesar de la gran precisión astronómica de *Somnium*, Kepler tuvo que recurrir a la magia para transportar a Duracotus a la Luna.

El primer relato en plantear de manera realista el uso de cohetes para realizar viajes espaciales fue *On the Moon*, novela de 1893 del erudito ruso Konstantín Tsiolkovski. Formaba parte de un grupo de idealistas rusos que imaginaban un audaz futuro para la raza humana en el que se conquistaba el espacio exterior y la Luna, y en el que los planetas se colonizaban. Tsiolkovski se había inspirado en el trabajo de un bibliotecario ruso llamado Nikolái Fiódorov, quien, recluido en la sala de catálogos del Museo Rumyantsev de Moscú, había desarrollado las más radicales ideas sobre el destino humano. Este extraordinario conjunto de creencias, que incluían la meta de inspiración religiosa de devolver los muertos a la vida, desató un movimiento filosófico utópico conocido como cosmismo, que acabó conduciendo al programa espacial ruso y al alunizaje estadounidense de los años sesenta.

Fiódorov nació a principios del verano de 1829. Su primer trabajo fue el de profesor de historia y geografía, pero lo que realmente le interesaba era el futuro. Seguidor de la Iglesia ortodoxa, Fiódorov creía que Dios obraba a través de nosotros para lograr los objetivos que figuraban en la Biblia, que incluían el desarrollo de la inmortalidad humana a través de la perfección de la ciencia y la medicina. Fiódorov creía que, una vez obtenida la excelencia en esos conocimientos, estábamos moralmente obligados a aplicarlos a la resurrección de los muertos.

Con ello, argumentaba, estaríamos representando una versión del juicio final de la Biblia. Pensaba también que a través de la ciencia y la medicina podíamos recuperar el estado perfecto, dado por Dios, que había sido el privilegio de Adán y Eva en el Jardín del Edén.

Fiódorov concebía dos razones para la muerte: la enfermedad y los accidentes. Ambos, afirmó, podían prevenirse con medicina y ciencia suficientemente avanzadas. Un mejor conocimiento del medio ambiente, por ejemplo, podría protegernos de los desastres naturales. Para los casos en que la muerte era inevitable, Fiódorov creía que acabaríamos desarrollando la ciencia de la resurrección. Pero ¿dónde pondríamos a todo el mundo? Si nadie moría, la Tierra pronto se quedaría sin espacio.

Fue aquí cuando Fyodorov posó su mirada en el cielo nocturno. Percibió una conexión entre la comprensión científica del universo y el pasaje bíblico que prometía la entrada al reino de los cielos. En aquellos momentos, la pluralidad de los mundos se había aceptado ya de forma generalizada, lo que significaba que un inmenso universo de otros planetas estaba esperando a ser explorado, conquistado y colonizado. Creía que ese era el destino de la humanidad; nuestra capacidad para dejar la Tierra y colonizar el espacio equivalía a nuestra entrada en el reino de los cielos.

Fiódorov dedicó más de veinte años a la reflexión sobre estos temas y, aunque no publicó nada en vida (su único libro, *Filosofía de la causa común*, apareció póstumamente en 1903), mantenía largas conversaciones con todo aquel que acudía a su biblioteca. Así, se ganó una serie de admiradores influyentes en el mundo artístico y científico y acabó siendo conocido como «el Sócrates de Moscú».[80] El novelista León Tolstói lo visitaba con frecuencia, lo que podría explicar por qué se colaron en sus novelas tanta astronomía e imágenes cósmicas.

Como hemos visto, Konstantín Tsiolkovski, nacido en 1857 en Kaluga, a unos 110 kilómetros al suroeste de Moscú, fue otro de sus admiradores. Un brote de escarlatina lo dejó sordo a los diez años, fue excluido de la escuela por sus problemas de audición y acabó viviendo como un ermitaño. Su apariencia extraña le valió el rechazo de sus vecinos y otros paisanos, por lo que se dedicó a llenar sus días con la lectura, gravitando poco a poco hacia las matemáticas y la física. A los dieciséis años se fue a vivir a Moscú para poder leer en las grandes bibliotecas y asistir a conferencias científicas en las que usaba una trompetilla auditiva. Fue durante los tres años que pasó en Moscú cuando conoció a Fiódorov y acabó compartiendo la visión del futuro del anciano.

A diferencia de su mentor, Tsiolkovski tenía la capacidad de convertir las ideas de viajes espaciales en teorías científicas y comenzó a buscar una forma práctica para que la humanidad alcanzara el cielo nocturno. Al enterarse de la construcción de la Torre Eiffel en 1895, Tsiolkovski imaginó primero un ascensor espacial, una torre de metal gigante que se extendía hasta el espacio. Cuando sus cálculos le demostraron que ningún material conocido era lo suficientemente fuerte para dicha tarea, se pasó a las matemáticas orientadas a conseguir que los cohetes entraran en órbita.

Tsiolkovski fue prolífico. Publicó más de cuatrocientas obras, de las que algo menos de una cuarta parte estuvieron dedicadas a los cohetes y viajes espaciales. Su más importante contribución fue la ecuación del cohete Tsiolkovski, que relacionaba la masa de un cohete y su combustible con la velocidad que podía alcanzar. Aunque no fue el primero en derivar esta ecuación, sí fue el primero que la usó en relación con la pregunta de si un cohete podía alcanzar la velocidad necesaria para viajar al espacio. Publicó sus conclusiones en 1903, el mismo año en que se hizo público también el trabajo de Fiódorov, y a partir de entonces se dedicó a escribir historias de ciencia ficción que reflejaran sus ideas de manera más digerible para el público en general.

On the Moon cuenta la historia de dos hombres que despiertan en la superficie lunar. Describe la baja gravedad en la Luna y la disminución del punto de ebullición del agua debido a la reducción de la presión atmosférica.[81] En trabajos posteriores, como *Sueños de la Tierra y el Cielo* (1895), habla de colonias que podían extraer metales preciosos y otros recursos minerales de la Luna y los asteroides. Y también escribió sobre cómo podríamos construir invernaderos gigantes en el espacio para cultivar alimentos. *Más allá del planeta Tierra* (1920) era la historia de un grupo internacional de científicos que construye naves espaciales y hábitats en la órbita de nuestro planeta para poder después explorar el sistema solar con miras a establecer colonias.

De las miles de páginas que escribió Tsiolkovski, tal vez lo que mejor resume su obra vital es esta cita: «La Tierra es la cuna de la humanidad, pero no se puede vivir en una cuna para siempre». Sin embargo, y a pesar de toda su erudición y precisión técnica, las obras de Tsiolkovski no despertaron demasiado interés. Nadie, al parecer, estaba interesado en viajar al espacio. Pero eso cambiaría pronto.

A principios del siglo XX, Rusia se estaba quedando rezagada respecto a Occidente. Había tardado en abrazar la industrialización y ahora se enfrentaba a nuevas dificultades. Sus ciudades estaban superpobladas, con malas condiciones de vida para muchos de los trabajadores de los que dependían las nuevas industrias. Con frecuencia había escasez de alimentos y muchos culpaban de ello a la aristocracia gobernante. En una sucesión de sangrientos levantamientos, el zar fue derrocado y Lenin se hizo con el poder. Tomó el control del país en 1917, después de la Revolución de Octubre, y cinco años más tarde la victoria del Ejército Rojo en la guerra civil le permitió reforzar su autoridad. Este fue el nacimiento de la Unión Soviética, que surgió con la promesa de que el pueblo unido trabajaría por un futuro mejor para todos. Y en esa amplia doctrina, el cosmismo encontró su lugar.

De repente, las obras de Tsiolkovski se podían encontrar por todas partes. Los académicos de la Unión Soviética pudieron leer sus trabajos técnicos y el público en general, sus historias de ciencia ficción y otros escritos populares. En 1932 miró aún más allá en el futuro con su *Filosofía cósmica*. Más disertación que novela, el libro detalla una época en la que los humanos se aventuran más allá de los planetas del Sol y se mueven libremente entre las estrellas.

En esta nueva era política, el cosmismo caló hondo. El desfile del Primero de Mayo de 1935 da una idea de su influencia. Durante estas celebraciones anuales, los líderes y el pueblo de la Unión Soviética se reunían en la Plaza Roja de Moscú para presenciar un desfile militar y conmemorar la creación del Estado soviético. En la edición de 1935, el propio Tsiolkovski fue invitado a hablar ante la multitud.

A los setenta y siete años y con problemas de salud, se refirió con confianza al futuro:

> *Ahora, camaradas, finalmente estoy convencido de que uno de mis sueños —viajar al espacio—, para el que he aportado los fundamentos teóricos, se hará realidad. Creo que muchos de ustedes serán testigos del primer viaje más allá de la atmósfera. En la Unión Soviética tenemos muchos pilotos jóvenes... [y] Pongo en ellos mis más grandes esperanzas. Ayudarán a materializar mis descubrimientos y prepararán a los talentosos constructores del primer vehículo espacial. Héroes y hombres valientes inaugurarán las vías aéreas: órbita de la Tierra a la Luna, órbita de la Tierra a Marte y más lejos aún, ¡de Moscú a la Luna, de Kaluga a Marte!*[82]

Unos meses más tarde moría en su casa de Kaluga. Para entonces, la carrera soviética por el desarrollo de cohetes espaciales, dirigida por Serguéi Koroliev, estaba en marcha. Nacido en 1907, Koroliev quedó fascinado por los aviones siendo niño y con veinticuatro años ayudó a fundar el Grupo para el Estudio del Movimiento Reactivo (GIRD), patrocinado por el Estado en Moscú. En un principio se pensó que los cohetes podían propulsar aviones, pero Koroliev reconoció rápidamente su aplicabilidad a los viajes espaciales. No pudo, sin embargo, realizar grandes avances, pues otra convulsión política se extendió por la Unión Soviética y amenazó no solo con destruir el trabajo de Koroliev, sino también con quitarle la vida. Convencido de que algunos miembros de su gobierno estaban conspirando contra él, en 1936 el líder soviético Joseph Stalin lanzó una campaña para eliminar a sus rivales políticos. Lo que en un inicio había sido una purga del Partido Comunista se extendió rápidamente a funcionarios gubernamentales, intelectuales, artistas, terratenientes, académicos y científicos a medida que la paranoia de Stalin escapaba de control. En 1938, la policía secreta soviética llegó al GIRD. Arrestaron a Koroliev y a otros miembros. Todos fueron acusados de diferentes cargos falsos. Las confesiones y las acusaciones entre compañeros fueron obtenidas bajo tortura y todos fueron condenados por traidores.

Los dirigentes del instituto, Iván Kleimenov y Gueorgui Languemak, fueron ejecutados. Koroliev también fue condenado a muerte y enviado a prisión en espera de su fatal destino, pero la purga estaba empezando a perder fuerza y, finalmente, su sentencia fue conmutada por ocho años en un campo de trabajo para intelectuales del Estado, la llamada Oficina de Diseño Experimental. La Segunda Guerra Mundial estalló durante su internamiento y lo destinaron al diseño de aviones, incluido un trineo propulsado por cohetes que ayudara a los aviones a despegar más rápido.

Cuando terminó la guerra, Koroliev fue liberado del campo de trabajo y reclutado como coronel del Ejército Rojo. Fue enviado a Alemania para examinar los restos de la base nazi de Peenemünde, cerca de la frontera alemana con Polonia, donde se había desarrollado una forma completamente nueva de guerra: misiles propulsados por cohetes. El arquitecto de ese programa de cohetes fue un hombre llamado Wernher von Braun. Cuando la máquina de guerra alemana se desmoronó, von Braun y sus hombres recibieron la orden de retirarse de la base, pero en lugar de regresar al corazón de Alemania o caer en manos rusas, consiguieron rendirse a la avanzadilla estadounidense.

La pieza central del programa de cohetes de von Braun era el V2, el primer misil balístico guiado de largo alcance del mundo. Con catorce metros de altura y un alcance operativo de 321 kilómetros, el V2 se utilizó para atacar ciudades como Londres y Amberes y Lieja, en Bélgica, matando a unas nueve mil personas.

El desarrollo soviético de ese tipo de misiles se convirtió en una prioridad para Stalin. Koroliev fue nombrado diseñador jefe y se le asignó la tarea de concretarlo. En 1947, él y su equipo descubrieron cómo construir un V2 por sí mismos, y de ahí en adelante se dedicaron a mejorar el diseño. En 1953 estaban seguros de poder construir un misil capaz de transportar una cabeza nuclear hasta Estados Unidos. Koroliev trabajó para hacer realidad el diseño, al que llamaron R-7, pero pensaba al mismo tiempo en darle un uso menos destructivo: enviar satélites a la órbita de la Tierra. Su compañero de trabajo Mijail Tijonrávov fue el autor de un informe sobre cómo se podría utilizar el R-7 para tal fin y, durante 1954, Koroliev buscó financiación de las autoridades soviéticas para construir y lanzar un satélite artificial repleto de equipo científico. Pero la idea fue recibida con poco entusiasmo y tampoco encontró financiación. Lo que nadie en la Unión Soviética sabía en ese momento era que, al otro lado del Atlántico, un equipo de técnicos trabajaba con similares objetivos.

Tras rendirse, el 20 de septiembre de 1945, Wernher von Braun y seis de sus colegas fueron trasladados en secreto a Estados Unidos. Se esperaba que, una vez allí, formaran a los estadounidenses en la construcción de cohetes y continuaran con el desarrollo de los suyos con fondos nativos. Ayudaron a preparar y lanzar una serie de V2 que habían sido transportados desde Alemania y estudiaron nuevos diseños que podían usarse tanto para investigación militar como científica. El estallido de la Guerra de Corea en 1950 hizo que Estados Unidos abriera el grifo y von Braun pudo dirigir el desarrollo del cohete Redstone, el primer gran misil balístico estadounidense. Durante ese tiempo, Estados Unidos era muy consciente del potencial militar del espacio. Imaginaron desarrollar satélites espías capaces de fotografiar territorio enemigo estando en órbita. Pero una táctica tan agresiva conllevaba un riesgo.[83] Cualquier misión militar que sobrevolara la Unión Soviética podía hacer que Estados Unidos fuera acusado de violar la soberanía nacional soviética. No existía precedente en lo referente a la propiedad del espacio sobre una nación, excepto por el derecho internacional de aguas terrestres y espacio aéreo. Según estas leyes, una nación podía confiscar cualquier embarcación que entrara en su territorio sin la debida autorización. Si Estados Unidos lanzaba un satélite espía para sobrevolar su territorio sin más, los soviéticos podían apelar al derecho internacional alegando que sus derechos estaban siendo violados. Algo que, obviamente, el presidente Dwight Eisenhower quería evitar a toda costa.

En 1955, durante una importante cumbre entre las superpotencias de la Guerra Fría celebrada en Ginebra, Eisenhower sugirió a su homólogo soviético el concepto de «libertad de espacio». Explicó que el desarrollo bilateral de misiles balísticos intercontinentales con ojivas nucleares había traído consigo el miedo a los ataques sorpresa. Como solución, sugirió que se eliminaran los límites territoriales en el espacio para que ambos bandos pudieran desplegar satélites espía con los que asegurarse de que no se estaban planificando operaciones beligerantes. Los soviéticos rechazaron la propuesta de inmediato, pensando que era una táctica estadounidense para identificar objetivos susceptibles de ser atacados con misiles. Así las cosas, Eisenhower necesitaba plantearlo de otra manera. Quiso la suerte que la oportunidad perfecta estuviera a la vuelta de la esquina.

Un comité internacional de científicos estaba planificando una colaboración de un año para estudiar nuestro planeta en su conjunto. El llamado Año Geofísico Internacional (IGY) había comenzado en 1957 e incluía el estudio de fenómenos como las auroras boreales y australes, que tienen lugar en el límite entre la atmósfera de la Tierra y el espacio. Los soviéticos estaban planeando unirse al IGY y, dado que el mejor lugar desde el cual observar la Tierra en su totalidad era el espacio, Eisenhower lo vio como su oportunidad.

El 29 de julio de 1955, apenas once días después de la cumbre de Ginebra, el secretario de prensa de Eisenhower, James Hagerty, anunció que Estados Unidos lanzaría el primer satélite artificial del mundo como parte del Año Geofísico Internacional. La nave espacial llevaría a bordo instrumentos científicos que permitirían a la humanidad comenzar a estudiar la Tierra desde un punto de vista completamente nuevo. El presidente apostó a que nadie se opondría a que una nave científica diera vueltas alrededor de la Tierra en nombre de una colaboración internacional que incluía a los soviéticos. Una vez que el satélite estuviera en funcionamiento, automáticamente el espacio se establecería como un ámbito internacional más allá de los límites de los territorios nacionales.

La declaración estadounidense hizo que las autoridades soviéticas volvieran a considerar la propuesta del satélite científico de Koroliev. El 30 de agosto, el diseñador jefe presentó un informe actualizado al Comité Militar-Industrial de Moscú y a la Academia Soviética de Ciencias. Les prometió un satélite científico de una tonelada y media de peso que se lanzaría entre abril y junio de 1957, justo antes de que comenzara el Año Geofísico Internacional, eclipsando así a los estadounidenses. Ambos organismos respaldaron la propuesta y el satélite recibió el nombre clave de Object-D. No se hizo ningún anuncio público.

Koroliev se puso manos a la obra, presionándose a sí mismo y a sus equipos sin piedad para llevar a buen puerto el proyecto del cohete R-7 y adaptarlo al espacio. En Estados Unidos, Eisenhower descartó utilizar el cohete Redstone de von Braun para lanzar su satélite y se decidió en su lugar por un proyecto rival, un cohete que estaba desarrollando la Marina bajo el nombre clave de Project Vanguard. Un error, como se acabaría viendo más tarde.

Llegado 1957, tanto los técnicos soviéticos como los estadounidenses estaban desbordados por problemas técnicos. En Estados Unidos, los costes del Project Vanguard se habían disparado por encima de lo presupuestado, pasando de 20 a 110 millones de dólares. Eisenhower se quejaba de que los científicos se habían dejado llevar por la imaginación y habían diseñado satélites más grandes y sofisticados de lo originalmente aprobado. Insistía en que lo importante era ser los primeros en hacer el lanzamiento, no la calidad de los datos científicos que el proyecto proporcionara.

En la Unión Soviética estaban llegando a la misma conclusión. Ellos también tenían problemas porque el R-7 no generaba la propulsión necesaria para poner en órbita su enorme satélite. Pragmático como siempre, Koroliev buscó modificar su carga. En lugar de una misión científica completamente equipada, propuso colocar en el satélite un pequeño transmisor de radio que pudiera ser rastreado por radioaficionados de todo el planeta. Estaría alojado en una esfera metálica de solo cincuenta y ocho centímetros de diámetro y transmitiría desde cuatro antenas colgantes. El nuevo plan fue aprobado, el satélite se construyó y se programó un posible lanzamiento para el 17 de septiembre de 1957, fecha muy apropiada, pues era el cumpleaños de Konstantín Tsiolkovski. Al final, la fecha se pospuso hasta el 4 de octubre.

El punto de lanzamiento estaba en Kazajistán, en un lugar que con el tiempo se convirtió en el principal complejo de lanzamiento de los soviéticos, el cosmódromo de Baikonur. Después de un tenso día de controles finales, el cohete —llamado Sputnik— alzó el vuelo a las 22:28 horas, huso horario de Moscú. Un grupo de ingenieros que había trabajado en el proyecto salió de las oficinas para observar cómo se elevaba hacia el oscuro cielo nocturno. Subió más y más, hasta que dejaron de verlo. Corrieron entonces hacia la estación de radio para esperar el «pip pip» indicador de que la pequeña nave espacial en el interior (Sputnik 1) se había separado del cohete. Lo oyeron, pero solo unos minutos. La señal se cortó cuando el veloz satélite desapareció bajo el horizonte. Contaban con ello pero, aun así, estaban nerviosos. ¿Había llegado el satélite realmente al espacio? Tenían sus dudas.

El cohete estaba programado para colocar al Sputnik 1 en una órbita elongada de 223 por 150 kilómetros. Esto significaba que el satélite tardaría poco más de cien minutos en orbitar la Tierra, pero cuando analizaron los datos transmitidos por la radio del cohete durante su ascenso, detectaron un fallo que haría que la órbita fuera más pequeña de lo planeado. Presa de los nervios, Koroliev decidió no llamar al primer ministro soviético, Nikita Jruschov, hasta estar seguro del destino de su satélite. Eso significaba esperar a que volviera la señal, cuando el Sputnik 1 apareciera elevándose sobre del horizonte opuesto, camino de completar su primera órbita. Los ingenieros se prepararon para una agónica espera.

Aproximadamente una hora y media después, el latido electrónico volvió a sonar a través del receptor de radio y todos suspiraron aliviados. El Sputnik 1 estaba en órbita. Estalló la fiesta. Desde un rincón más tranquilo, Koroliev llamó a Jruschov. Y, una vez más, la relación del mundo con el cielo nocturno volvió a cambiar.

La Agencia de Telégrafos de la Unión Soviética (TASS) envió la noticia a todo el globo y el éxito del Sputnik pronto copó titulares. En su portada, el *Daily Express* de Londres acuñó el término «era espacial» para el público en general: «La era espacial está aquí».[84] Las columnas de opinión y los editoriales ensalzaban el amanecer de esta nueva era e instaban a todos a unirse para sintonizar sus aparatos de radio y escuchar la señal del espacio, o salir y buscar el punto brillante del satélite atravesando el cielo nocturno.

En verdad, era tan pequeño que estaba al límite de lo detectable por el ojo humano, pero Koroleiv sabía que la mayor parte del cohete también entraría en órbita. Con veintiséis metros de longitud, superaba con mucho los cincuenta y ocho centímetros del Sputnik 1 y el ruso hizo que los ingenieros instalaran paneles reflectantes en el cohete para rebotar la luz solar hacia la Tierra, provocando que brillara casi tanto como las estrellas más brillantes del cielo nocturno. Cruzando el cielo de horizonte a horizonte en cuestión de minutos, era inconfundible e inquietante. Se veía como un punto de luz casi indistinguible de una estrella. Pero la velocidad antinatural a la que se movía hacía que destacara como algo totalmente diferente. Por primera vez en la historia de la humanidad, estábamos modificando el aspecto del cielo nocturno y la reacción que esto provocó fue visceral, incluso primaria.[85]

Homer Hickam era en aquel momento un estadounidense de catorce años que vivía en Virginia Occidental. Con el tiempo se convirtió en ingeniero de la NASA y trabajó en los alunizajes del Apolo. En sus memorias, *Rocket Boys*, adaptadas al cine en el largometraje de 1999 *October Sky*, recuerda haber visto el cohete soviético cruzar el cielo: «Lo miré fijamente, con la misma atención con la que hubiera mirado al propio Dios si hubiera aparecido en un carruaje dorado sobre mi cabeza. Iba a toda velocidad, lanzado con lo que me parecía un propósito inexorable y peligroso, como si no hubiera poder en el universo que pudiera detenerlo».[86]

No fue el único que vivió aquella visión como un baño de humildad. Los líderes estadounidenses estaban horrorizados. Habían sido humillados públicamente por los soviéticos en una hazaña que inconscientemente habían llegado a considerar como el destino de Estados Unidos. La exploración del espacio estaba fuertemente arraigada en la conciencia estadounidense de posguerra y en torno a ella había surgido todo un género de literatura.

Las novelas de esta época, a la que ahora nos referimos como la «edad de oro de la ciencia ficción», exploraban a menudo el tema de los extraterrestres, pues la pluralidad de los mundos era ya una creencia extendida. Al mismo tiempo, investigaban también las potenciales ramificaciones de la tecnología avanzada en nuestras vidas. Algunas de estas historias dirigían su mirada hacia un futuro lejano en el cual viajar a las estrellas sería tan fácil como cruzar un océano. Otras se centraban en cómo la incipiente exploración del sistema solar se desarrollaría en un futuro próximo. Un autor en concreto destacó en este género sobre todos los demás: el inglés Arthur C. Clarke. De manera similar a Tsiolkovski, Clarke basó su ciencia ficción en aquellos avances técnicamente plausibles que se esperaban, de manera consensuada, durante el siglo XX.

Clarke y sus contemporáneos, entre los que se contaban los noveles autores norteamericanos Isaac Asimov y Robert Heinlein, entretuvieron a sus lectores con historias de exploración espacial basadas en la filosofía subyacente del positivismo, que solo valoraba aquello que podía medirse y verificarse científicamente. Definía el progreso como la aplicación de la tecnología a la consecución de objetivos que, de otro modo, serían imposibles de alcanzar, marco en el que encaja perfectamente la exploración del espacio.

El respaldo de Von Braun a todo lo anterior lo alineaba perfectamente con los valores estadounidenses del momento. Así que, a pesar de ser cuestionado por algunos periodistas en relación con su papel como oficial nazi en la Segunda Guerra Mundial, se convirtió en una figura reconocible —incluso famosa— en la promoción de la exploración del espacio. También fue autor de una serie de artículos titulada «¡Pronto el hombre conquistará el espacio!» para la revista *Collier's Weekly*. Los textos iban acompañados de las ilustraciones de Chesley Bonestell, cuyas evocadoras imágenes influyeron también profundamente en la percepción que el público estadounidense tenía de la exploración del espacio.

Bonestell nació en California en 1888 y se convirtió en un gran aficionado a la astronomía siendo adolescente, cuando, durante una noche de puertas abiertas en el Observatorio Lick de San José, contempló Saturno a través de un telescopio. Estudió arquitectura en la Universidad de Columbia, en Nueva York, y seguidamente comenzó a dibujar los bocetos de diferentes proyectos del puente Golden Gate, en San Francisco, para que los potenciales patrocinadores pudieran ver en qué estaban invirtiendo su dinero. Después trabajó en Hollywood realizando ilustraciones fotorrealistas como telón de fondo para películas como *El jorobado de Notre Dame* (1939) y *Ciudadano Kane* (1941).

En 1944 vivió su momento de máxima inspiración y comenzó a combinar su capacidad artística con el interés por la astronomía. Retomando su amor por Saturno, produjo una serie de pinturas que reproducían en detalle cómo se vería el planeta gigante si uno estuviera en sus diferentes lunas. Su estilo preciso hacía que sus cuadros parecieran fotografías reales y causaban sensación. Antes de que llegaran las naves espaciales robóticas de la NASA de los años setenta y ochenta, las imágenes de Bonestell dieron forma a la idea que tenía el público de cómo sería estar en el espacio.

Su estilo destacaba porque continuaba con la tradición de la pintura paisajística estadounidense derivada de las ideas de lo sublime de Burke y Kant. A lo largo del siglo XIX, artistas como Thomas Cole, Albert Bierstadt y Frederic Edwin Church pintaron los paisajes más dramáticos que se podían encontrar en Estados Unidos. Los paisajes que reproducían se usaban a menudo para evocar ese Salvaje Oeste hacia el que avanzaban los estadounidenses, y estaban pintados para causar asombro. Bonestell hizo exactamente lo mismo en sus pinturas de lunas y planetas. Sin imágenes reales u otras referencias, Bonestell imaginó picos rocosos e inmensos paisajes extraterrestres que reflejaban las imágenes terrestres de sus predecesores del siglo XIX. En lo referente a la Luna, para enfatizar el cariz desbordante de sus paisajes, pintaba en ellos diminutas figuras humanas e incluso insertaba naves espaciales. Con estas imágenes, Bonestell había encontrado la manera perfecta de representar pictóricamente la idea de Kant del sublime cósmico.

Durante esta década, la relación entre los humanos y el cielo nocturno se transformó rápidamente: ya no se trataba de sentarse bajo las estrellas y contemplarlas, sino de reclamarlas como propias, de convertirlas en un reino humano. Tanto Estados Unidos como Rusia pensaban que ese era el destino al que estaban llamados. Por ello, el éxito del Sputnik 1 supuso un tremendo mazazo al orgullo estadounidense que desestabilizó, además, sus pretensiones de liderazgo mundial.

El 5 de octubre de 1957, el *New York Herald Tribune* calificó dicho acontecimiento como una «grave derrota para Estados Unidos». La batalla entre el comunismo y el capitalismo se estaba librando en el cielo nocturno. Aprovechando esta guerra ideológica, el comunicado de TASS afirmó que «la generación actual será testigo de cómo el trabajo libre y consciente del pueblo de la nueva sociedad socialista convierte en realidad incluso los más atrevidos sueños del hombre».

La difícil coyuntura estadounidense se vio agravada por unas declaraciones anónimas a Associated Press de una persona de Huntsville (Alabama), que decía estar «enojada y angustiada» porque Estados Unidos podría haber sido el primero en lanzar si sus líderes hubieran autorizado el uso del cohete Redstone, que ya había sido probado, en lugar del Vanguard, un proyecto más rezagado. Paul Dickson, autor de *Sputnik: The Shock of the Century*, cree que esta fuente anónima fue el propio von Braun en represalia contra Washington por no haber confiado en él.

En respuesta a la crisis, los estadounidenses aceleraron el Proyecto Vanguard. En lugar de lanzar un satélite científico para el IGY, construyeron rápidamente otro de prueba llamado TV3. Era casi idéntico al Sputnik 1 y programaron su lanzamiento para el 6 de diciembre, solo dos meses después. Sin embargo, un mes antes los soviéticos volvieron a eclipsarlos. El Sputnik 2 logró entrar en órbita el 3 de noviembre de 1957 con la perra *Laika* a bordo, el primer ser vivo en dejar atrás la tierra.

El día del lanzamiento del Vanguard había cámaras de cine instaladas en el lugar para capturar el momento histórico en el que Estados Unidos hacía su entrada en la carrera espacial. El país siguió atento la cuenta atrás hasta cero, momento en el que el cohete cobró vida con un rugido. La población contuvo la respiración cuando el Vanguard comenzó el que debía ser su largo ascenso para ponerse en órbita, pero a solo 1,2 metros del suelo perdió propulsión. Cayó a tierra como en cámara lenta y se convirtió en una enorme bola de fuego. Los medios fueron despiadados en su cobertura del suceso, burlándose del intento fallido y bautizando al satélite estadounidense como Kaputnik, entre otras ocurrentes variantes. En las Naciones Unidas, la delegación soviética buscó provocar a sus homólogos estadounidenses preguntándoles si necesitaban asistencia del «presupuesto de los países subdesarrollados». Dolido ante tal humillación nacional, el *New York Herald Tribune* escribía: «La gente de Washington debería guardar silencio hasta que tengan un pomelo o lo que sea orbitando por ahí».

Finalmente, ese «lo que sea» llegó al espacio el 31 de enero de 1958. Gracias al cohete Redstone de von Braun, el prometido satélite científico, el Explorer 1, entró en órbita. Estados Unidos había dado el brazo a torcer ante la experiencia del científico alemán, lo cual le permitió entrar de nuevo en la carrera espacial y al Explorer 1 realizar un descubrimiento de primer orden: que la Tierra estaba rodeada de cinturones de radiación, lo que podía representar un peligro para los astronautas y la electrónica si no se tomaban las precauciones necesarias.

Decidido a que no le volvieran a hacer sombra en este campo, Estados Unidos creó la Administración Nacional de Aeronáutica y del Espacio (NASA) con el objetivo de desarrollar de manera urgente y veloz la exploración espacial estadounidense. Su objetivo era consolidar al país como líder en tecnología y exploración espacial. Pero no todos estaban de acuerdo en que esto fuera una necesidad. Una parte importante de la población opinaba que la exploración espacial era un esfuerzo estéril que priorizaba los logros tecnológicos frente a las necesidades humanas básicas en la Tierra. Rechazaban la autoridad y defendían las libertades individuales. Y ciertamente no necesitaban viajar al espacio para poder apreciar el cielo nocturno. La creciente popularidad de estos ideales contribuyó primero a la contracultura de los años sesenta y luego a la espiritualidad New Age de los setenta.

Pero lo cierto es que estos movimientos no surgieron de la nada para oponerse a la NASA. Fueron la evolución de una corriente del siglo XIX que pretendía restaurar lo que muchos creían se había perdido durante la Ilustración. Pensaban que la ciencia y la tecnología eran un giro totalmente equivocado y que el cielo nocturno era algo que debía contemplarse desde la distancia. Y se dispusieron a devolver el hechizo al cielo nocturno con un resurgimiento del interés por la astrología.

10

Tocar el cielo nocturno

En su poema, «Cuando escuché al docto astrónomo», el poeta estadounidense del siglo XIX Walt Whitman reflejaba los sentimientos de desencanto de muchas personas en el mundo occidental:

Cuando escuché al docto astrónomo,
cuando las pruebas y los números fueron
dispuestos en columnas ante mí,
cuando se me mostraron las cartas y diagramas para
sumarlos, dividirlos y medirlos,
cuando, sentado ante el astrónomo, oí su
conferencia ante el nutrido aplauso en clase,
pronto me sentí indeciblemente cansado y harto
hasta que, poniéndome de pie, me deslicé fuera y
me puse a vagar, solo,
en el aire místico y húmedo de la noche; y de vez
en cuando
miraba hacia las estrellas, rodeado de completo
silencio.

En opinión de Whitman, el hincapié científico en la medición y la precisión había cortado nuestra conexión emocional con las estrellas. En el poema sugiere que la forma de reconectarse con ellas consiste en olvidar simplemente las matemáticas y pararse bajo la noche con la mente abierta. No refutaba el trabajo de los astrónomos, pero opinaba que existían dos formas diferentes de ver las cosas. No obstante, en el siglo XIX hubo quienes consideraron el de Whitman como un punto de vista demasiado tolerante. Se trataba de un grupo de individuos que apostaba por dejar de lado las conclusiones de la revolución científica y volver a dotar al cielo de su hechizo mediante ideas fantásticas que actuaban más allá del alcance de la física. Una de estas personas era Helena Blavatsky.

Nacida en 1831 en Yekaterinoslav, entonces parte del Imperio ruso pero que hoy se encuentra en Ucrania, Blavatsky provenía de un entorno privilegiado; su abuela era una noble rusa y su padre era miembro de la aristocracia alemana. Cuando, en 1842, su madre murió de tuberculosis con solo veintiocho años, Blavatsky, que tenía casi once, fue enviada a Sarátov, una importante ciudad rusa a orillas del río Volga, para que la criaran sus abuelos. Y fue durante su adolescencia allí cuando comenzó a interesarse por el llamado conocimiento esotérico.

El esoterismo abarcaba una serie de creencias en torno a la existencia de algo mágico en la naturaleza. Algo que, sea lo que sea, pertenece a un ámbito espiritual que escapa a nuestra capacidad de medir. Es metafísico y opera más allá de los límites normales de causa y efecto. Para aquellos que creen en el conocimiento esotérico, el universo físico es generalmente un obstáculo porque oscurece la verdadera realidad espiritual.

El conocimiento esotérico ha despertado interés a lo largo de toda la historia. Surgió en el mundo clásico junto al cristianismo y pretendía ocupar ese punto medio entre el estricto racionalismo de la filosofía y la fe que requiere la religión. El término en sí fue acuñado en tono burlesco por el satírico griego Luciano de Samósata.

Blavatsky afirmó haber descubierto el tema gracias a los libros de la biblioteca de su bisabuelo, que había sido masón en la década de 1770. Muchos masones, su abuelo entre ellos, eran también rosacruces, una orden espiritual que surgió en respuesta a la Ilustración. La Rosacruz abrazó las disciplinas esotéricas que la ciencia había descartado: alquimia, magia y astrología. Era en sí misma parte de una tradición más antigua conocida como hermetismo, centrada en la doctrina del microcosmos-macrocosmos, basada, a su vez, en el principio «como es arriba es abajo». Bautizados así en honor al mitológico Hermes, el mensajero de los dioses, los hermetistas creían en la versión de la astrología que afirmaba que los planetas influían en las condiciones de la Tierra pero no determinaban directamente nuestras acciones. Esto significaba que se requería una mayor observación de la naturaleza para entender cómo funcionaban estas influencias del cielo nocturno.

Blavatsky explicó más tarde que un misterioso hombre indio se le había aparecido en visiones para guiarla durante su período de descubrimiento. También que había aprendido a proyectarse a través del «plano astral», un reino de «luz» supuestamente invisible que existía entre el Cielo y la Tierra y constituía la realidad verdadera. Se creía que compartía espacio con las «esferas astrales» de los planetas, pero que nuestros ojos no lo podían ver. Era el hogar de ángeles, demonios y espíritus.

Los siguientes veinticinco años de la vida de Blavatsky son difíciles de desentrañar porque aderezó sus relatos con abundantes inconsistencias, pero el núcleo de la historia es que emprendió muchos grandes viajes para conocer formas de vida más espirituales. Sus ideas bebían con frecuencia de religiones y filosofías orientales y afirmó haber encontrado muchos adeptos, incluidos magos, chamanes y médiums. También que sus propias habilidades paranormales se habían desarrollado hasta el punto de que los muebles se movían solos cuando entraba en una habitación. Aprendió finalmente a controlar estos poderes en 1864, después de varios meses en coma a causa de una caída de un caballo. Luego declaró que había entrado en el Tíbet (lo que hubiera supuesto una hazaña extraordinaria pues, en el siglo XIX, el país estaba cerrado a los europeos), donde había sido llevada a un monasterio en el cual aprendió un idioma secreto que le permitió leer manuscritos también secretos y estudiar la sabiduría antigua. Aunque la mayoría de los historiadores y biógrafos creen que sus historias no son más que fantasías, sus ideas acabaron influyendo en millones de personas de todo el mundo.

En la década de 1870, los victorianos estaban enamorados del concepto de espiritismo. Las sesiones espiritistas eran tremendamente populares y se enarbolaban como evidencia de la existencia de un plano espiritual generalmente considerado sinónimo del plano astral. Cuando Blavatsky visitó Estados Unidos (esta vez de verdad), conoció a Henry Steel Olcott, un periodista interesado en los fenómenos espirituales. Olcott quedó absolutamente cautivado por Blavatsky y comenzó a promover su trabajo. En 1875 fundaron la Sociedad Teosófica (*teosofía* significa «sabiduría divina»). Evitando las jerarquías políticas y aristocráticas del pasado, esta sociedad propugnaba la igualdad para todos y un futuro construido a partir de la iluminación espiritual.

En 1875, Blavatsky escribió un libro, *Isis sin velo*, en el que describía los principios teosóficos e introducía el término *ocultismo* en el sentido de conocimiento oculto. Su trabajo fue de inmediato objeto de crítica, porque había copiado grandes fragmentos de otras publicaciones esotéricas sin acreditar las fuentes. Olcott salió en su defensa, alegando que Blavatsky no tenía acceso a esos libros e insinuando que cualquier similitud se debía a que Blavatsky había conectado espiritualmente con esa verdad fundamental de la que hablaban.

Dejando a un lado los principios éticos de su autora, *Isis sin velo* es una gran síntesis de la tradición esotérica y las misteriosas «verdades» que intenta explicar. Es evidente que está basado en las ideas de Platón de una realidad perfecta y oculta. Pero mientras que la realidad de Platón era en sus inicios un reino matemático perfecto, para Blavatsky se trata de una dimensión no corpórea de los espíritus. Y mientras Platón afirma que el pensamiento racional puede ayudarnos a comprender esa realidad, Blavatsky se hace eco de los hermetistas e imagina que solo se puede acceder a su realidad oculta de manera espiritual.

Argumentó también que la teosofía resucitaba aquella sabiduría antigua que en el pasado había estado en posesión de la mayoría de nosotros, pero que se había perdido durante milenios y que una mala interpretación de este conocimiento había dado como resultado las muchas y diferentes religiones del mundo. También creía que el mundo occidental del siglo XIX había alcanzado su punto más bajo debido a su obsesión por el universo físico mensurable. La única vía de escape de este callejón sin salida intelectual, afirmó, era concentrarse en una iluminación más espiritual, y defendió la astrología como una forma de acceder a esa sabiduría espiritual desde el plano astral.

La astrología había estado estancada desde el siglo XVII, cuando había sido rechazada por los científicos debido a la falta de pruebas directas que pudieran medir. Blavatsky la defendió repitiendo la afirmación de Ptolomeo de que la astrología era infalible pero su interpretación era difícil, lo cual daba lugar a errores. De forma similar a la analogía que Thomas Hardy había establecido entre la astronomía para desbloquear el comportamiento de las estrellas y conocer la mente de otra persona, Blavatsky comparó la astrología con la ciencia emergente de la psicología, defendiendo que en ambas disciplinas uno tenía que ir más allá del «mundo visible de la materia» para acceder a la auténtica verdad.

La vida de Blavatsky coincidió con el nacimiento de la psicología como disciplina científica. En la década de 1880, Sigmund Freud inició el trabajo que lo llevaría a inventar el psicoanálisis. Freud creía que el comportamiento de las personas deriva de su mente inconsciente. Al traer esos pensamientos, sentimientos, deseos y recuerdos inconscientes a la superficie a través de la terapia, una persona puede llegar a comprender por qué se comporta como lo hace y volverse más objetiva en relación con las decisiones que toma.

Blavatsky había adoptado un enfoque paralelo con la astrología, alegando que la posición de los planetas podía revelar las razones subyacentes a los acontecimientos frecuentemente aleatorios de nuestras vidas. Allá por el siglo II, Ptolomeo pensó que la influencia astrológica nos llegaba a través del clima y las fuerzas de la naturaleza. Ahora que los científicos lo habían refutado, Blavatsky sugería un vínculo que era, por definición, inmensurable. En línea con la idea de «como es arriba, es abajo», sugirió que las posiciones de los planetas no eran en sí mismas responsables de nuestras acciones y lo que nos sucede. Más bien, los planetas responden a las mismas fuerzas espirituales que nos rodean e influyen. En otras palabras, son sondas indirectas de esta energía espiritual.

Al sugerir este vínculo místico, Blavatsky apelaba a la sensación de lo sublime que experimentamos al contemplar el cielo nocturno. Insistió en que, leyendo las posiciones de los planetas, el astrólogo experto podía determinar las «tendencias» de la Tierra, que en cierto modo se parecían a los deseos inconscientes en psicología. A pesar de ser científicamente inverosímil, o quizá debido a ello, *Isis sin velo* fue un éxito comercial. Surgieron logias teosóficas en todo el mundo y en 1885 existían ya más de 120. La gran mayoría de ellas estaban ubicadas en el subcontinente indio y sus alrededores, donde la población ya creía de forma generalizada en muchas de las ideas de la teosofía.

Blavatsky generó aún más controversia al afirmar que poseía habilidades paranormales. Estas ya habían sido recibidas con escepticismo, pero cuando dos exempleados de la Sociedad Teosófica en la India afirmaron tener pruebas de que Blavatsky era un fraude, el escándalo llegó a la prensa nacional inglesa. Los exempleados afirmaron que las cartas que aparecían mágicamente en sus sesiones las introducían cómplices a través de trampillas. Cuando las acusaciones aparecieron publicadas en el periódico londinense *The Times*, un miembro de la recién fundada Sociedad para la Investigación Psíquica viajó de Londres a la India para llevar a cabo una investigación y concluyó que las sesiones de Blavatsky no eran más que elaborados trucos de salón.[87]

Blavatsky se instaló en Londres para capear la tormenta y continuó publicando libros sobre todo tipo de temas, desde la existencia del universo físico hasta la evolución de los seres humanos. Todo su trabajo de este período hacía hincapié en la astrología y pudo haber sido precisamente lo que llevó al astrólogo británico Alan Leo a la teosofía en 1890.

Nacido como William Frederick Allan en 1860, Leo es una figura fundamental en el interés contemporáneo por la astrología.[88] Su rechazo a la complejidad de la astrología ptolemaica, en la que había que evaluar las posiciones de los planetas, el Sol y la Luna, constituyó una de las bases de su reinvención de la astrología. Fue, en cambio, un gran promotor de la idea de que el Sol era el objeto celeste más influyente y la astrología una herramienta para el análisis del carácter, más que un medio para predecir eventos futuros. En su opinión, la constelación en la que se encuentra el Sol cuando nacemos domina nuestra personalidad. Así, todos los nacidos bajo Sagitario poseen rasgos de personalidad similares, al igual que todos los nacidos bajo Piscis, Aries, etcétera. Fue en este momento cuando en astrología nació el concepto moderno del «signo astral». Y por ello, en 1885, William Frederick Allan cambió su nombre a Leo, para reflejar la constelación que el Sol cruzaba en el momento de su nacimiento.

En 1898, Leo fundó *The Astrologer's Magazine* (*La revista del astrólogo*), que renombró como *Modern Astrology* (*Astrología moderna*) unos años más tarde. Para atraer lectores, con cada suscripción la revista ofrecía una lectura personalizada y gratuita del signo astral, iniciando así el fenómeno del horóscopo periodístico que aún existe. Leo fue tan criticado como Blavatsky, pero en su caso los ataques por charlatán —tanto por parte de científicos como de otros astrólogos celosos— no hicieron sino incrementar su fama.

Para 1915, Leo había publicado ya una treintena de libros sobre su reinterpretación de la astrología y sus vínculos con el pensamiento teosófico. Su influencia fue realmente considerable, tanto directa como indirectamente. En 1913, mientras estaba de vacaciones en Mallorca con un grupo de amigos artistas, el compositor Gustav Holst se interesó por la astrología y leyó, precisamente, *¿Qué es un horóscopo?* de Leo. Su prosa empoderaba de tal manera que, tras su lectura, Holst se sintió lo suficientemente seguro de sí mismo como para leer el horóscopo a sus amigos. Y de esta experiencia surgió la idea de componer la ahora famosa suite de música *Los planetas*, que plasmaba las supuestas influencias astrológicas de los planetas en nuestras personalidades.

El interés por la astrología florecía de nuevo y Blavatsky y Leo vieron en ello el acercamiento a una forma más espiritual de conocernos a nosotros mismos, una que nos reconectaba con el cielo nocturno y nos preparaba para la desaparición del reino físico y la llegada de la edad espiritual profetizada por Blavatsky. Se sintieron incluso lo suficientemente confiados como para, por medio de la astronomía, poner fecha al comienzo de esta nueva era.

En sus escritos teosóficos, Blavatsky había querido llamar la atención sobre el fenómeno conocido como precesión. Lo hemos visto por primera vez en el capítulo dos. La precesión es un lento cabeceo de la Tierra que hace que la dirección norte parezca trazar un amplio círculo en el cielo nocturno a lo largo de 25.772 años. A medida que cambia la dirección norte en el cielo, también cambia la orientación del ecuador celeste o proyección del ecuador de la Tierra en el espacio. Su cambio de orientación es importante porque afecta a los equinoccios. El movimiento aparente del Sol a través del cielo, causado por el de la Tierra durante su órbita, se llama eclíptica. En el transcurso de un año, el Sol parece pasar de manera sucesiva por delante de cada una de las constelaciones zodiacales hasta haber visitado las doce, momento en el que el ciclo vuelve a empezar. El ecuador celeste está colocado en un ángulo de 23° respecto a la eclíptica, lo que significa que estos dos grandes círculos se cruzan únicamente en dos puntos. Cuando el Sol se encuentra en uno de ellos, llamados nodos, tiene lugar un equinoccio: el día y la noche duran lo mismo.

A medida que el polo norte se mueve con la precesión, el ecuador celeste también lo hace y la ubicación de los equinoccios va pasando lentamente por todo el zodíaco. El calendario está organizado para tener esto en cuenta, lo que significa que, si bien los equinoccios siempre ocurren alrededor del 21 de marzo y el 21 de septiembre, la constelación por la que pasa el Sol en esas fechas cambia gradualmente a lo largo de miles de años. Astrólogos más actuales otorgaron un significado especial a cada uno de estos cruces, llamándolos edades astrológicas (a diferencia de las grandes edades que conocimos en el capítulo seis, las cuales ya no se tenían en consideración en el siglo XX). Pero no se pusieron de acuerdo sobre la mejor forma de calcular su duración. La más sencilla consiste en, partiendo de que el ciclo completo de precesión dura casi 26.000 años y hay doce constelaciones, dividir una cifra por otra, de lo que se obtiene que cada edad astrológica dura más o menos 2.166 años. Según esta fórmula, desde aproximadamente 2166 a. C. el equinoccio de primavera ha tenido lugar en la constelación de Aries. A partir de aquel momento, la posición exacta se fue moviendo cada año un poco más hasta cruzar a Piscis cerca del I d.C., y allí permanece hasta el día de hoy. En algún momento, alrededor del año 2166, cruzará a Acuario.

Cada astrólogo solía tener su propia forma de definir los límites de las constelaciones y, por tanto, de calcular la fecha de la nueva era. Según los cálculos de Leo, no estaba a siglos vista, sino a pocas décadas: afirmó que la nueva era vería la luz el 21 de marzo de 1928, por lo que urgía estar preparado. Esta nueva era de iluminación espiritual que se avecinaba comenzó a denominarse era de Acuario.

El renacimiento de la astrología a principios del siglo XX despertó el interés del psicoanalista suizo Carl Jung. Pudo ser por la afirmación de Leo de que la astrología era realmente una herramienta para analizar el carácter o, quizá, simple fascinación por el resurgimiento de las teorías populares que hablaban de nuestro supuesto vínculo con el cielo nocturno. Fuera lo que fuese, le pareció una revelación.

En una carta fechada el 8 de mayo de 1911, escribía a Sigmund Freud: «Hay cosas extrañas y maravillosas en estas tierras de oscuridad. Por favor, no se preocupe por mi incursión en estas infinitudes. Regresaré cargado de un rico botín para nuestro conocimiento de la psique humana». Desde luego que lo hizo. Su conclusión fue que el cielo nocturno es el espejo psicológico perfecto, capaz de reflejar nuestros pensamientos más escondidos.

Las ideas de Jung son una prolongación del pensamiento de Freud sobre cómo funcionaba la mente humana. Freud creía que nuestros comportamientos están motivados por deseos insatisfechos o reprimidos, que enferman nuestra mente inconsciente, coloreando la forma en que pensamos. Al nacer, dijo, cada uno de nosotros es una pizarra en blanco; a partir de ese momento, conforme vivimos nuestras vidas, las frustraciones y los resentimientos se van acumulando. Jung consideró lo anterior demasiado simplista y creía más bien que nuestra mente inconsciente ya estaba cargada de ideas y conceptos al nacer. Los llamó los arquetipos; eran el equivalente psicológico a los comportamientos instintivos.

Jung comenzó a desarrollar estas ideas porque identificó temas recurrentes en las descripciones que sus pacientes hacían de sus sueños y fantasías. También le llamó la atención la recurrencia de temas y símbolos en diferentes religiones y mitos. Mientras que Freud pensaba que nuestras experiencias nos moldeaban, Jung creía que simplemente modificaban la forma en que los arquetipos se manifestaban en nuestro pensamiento. Si observamos con atención, dijo, siempre encontraremos evidencias de arquetipos básicos en funcionamiento.

En su libro *Los arquetipos y lo inconsciente colectivo*, Jung enumeró los doce principales arquetipos. Algunos están relacionados con nosotros mismos, como la Persona, que es la imagen de nosotros mismos que presentamos conscientemente al mundo; el Sí-mismo, que es la suma de lo que realmente somos; y la Sombra, que son todos los impulsos negativos que reprimimos. Otros arquetipos tienen que ver con otras personas, como la madre, que es una presencia que nutre; el sabio, que imparte sabiduría; y el embaucador, en quien no podemos confiar. Jung creía que había muchos más arquetipos además de estos y que, al crear las constelaciones zodiacales, los humanos simplemente estábamos proyectando arquetipos en las estrellas, tal y como lo habíamos hecho al desarrollar mitos o religiones. En su libro *La dinámica de lo inconsciente*, Jung escribió que «la bóveda estrellada del cielo es en verdad el libro abierto de la proyección cósmica, en el que se reflejan... los arquetipos». Su conclusión fue que con el estudio de la astrología estaba conociendo la estructura de la mente humana a partir de los principales mitos que contenía. Dejó escrito que «la astrología es una psicología proyectada de forma ingenua en la que las diferentes actitudes y temperamentos del hombre se presentan como dioses y se identifican con planetas y constelaciones zodiacales».[89]

Aunque Jung reunió una gran cantidad de pruebas para refrendar su idea, esta despertó tal odio en Freud que acabó provocando un cisma entre ellos. Los arquetipos de Jung también han sido profusamente criticados en décadas posteriores, pero su idea básica de que los humanos comparten algunos conceptos clave y luego proyectan sus esperanzas y temores individuales en el cielo nocturno es de una evidencia meridiana si comparamos la espiritualidad de Blavatsky con la firme creencia de Fiódorov en los vuelos espaciales.

Si bien la teosofía de Blavatsky y el cosmismo de Fiódorov pueden parecer ideologías totalmente opuestas, desde una perspectiva junguiana se pueden considerar casi idénticas, porque ambas persiguen lo mismo: el paraíso o la llegada de una nueva era. Según Jung, la búsqueda del paraíso es uno de los deseos arquetípicos clave y en el caso de estas ideologías en concreto, los dos rivales ubicaron el paraíso en el cielo nocturno (tal como lo había hecho anteriormente la religión). La única diferencia entre ellas es que Fiódorov creía que solo existía la materia, mientras que Blavatsky creía en un plano espiritual oscurecido por el material. Y esta diferencia clave dio lugar a visiones tremendamente diferentes sobre cómo avanzar hacia el paraíso.

Fiódorov creía que el perfeccionamiento de la humanidad requería la manipulación de la materia: primero mediante el uso de la tecnología y luego modificándonos a nosotros mismos con lo que ahora llamaríamos ingeniería genética. De esta forma podríamos lograr la inmortalidad y esparcirnos por el universo infinito, colonizando otros planetas a medida que avanzábamos. Blavatsky pensaba que los problemas de la humanidad eran el resultado de nuestra excesiva atención a lo físico. Defendió que solo mediante el desarrollo del lado espiritual —«invisible»— de los humanos, podríamos llegar a comprender verdaderamente el universo. Ambos puntos de vista, o variaciones sutiles de ellos, fueron adoptados por diferentes sectores de la población durante la carrera espacial. Ofrecen un ejemplo casi de manual de la idea de Jung acerca de que los humanos proyectan sus propias esperanzas y temores en el cielo nocturno, y alcanzaron su punto crítico en la controversia que rodeó al envío de los primeros humanos al espacio, en la década de 1960.

Yuri Gagarin era el sueño comunista hecho realidad. Nació en un pueblo aislado, Klúshino, a doscientos kilómetros de Moscú, el 9 de marzo de 1934. Su padre era carpintero, su madre era lechera, y el 12 de abril de 1961, a los veintisiete años, se convirtió en el primer humano en el espacio.

Tanto EE. UU. como la Unión Soviética habían iniciado programas de vuelos espaciales tripulados en 1959.

Era inevitable que los humanos fueran enviados al espacio porque, después de tanto tiempo de solo haber contemplado el cielo nocturno, había llegado ahora la oportunidad de estar realmente en él. Si bien no todos podríamos ir, al menos podríamos enviar a unos pocos afortunados que luego nos transmitirían sus experiencias.

La NASA seleccionó a siete astronautas para su Proyecto Mercurio y el 9 de abril de 1959 los presentó en una abarrotada sala de prensa en Washington, DC. La URSS también eligió a sus cosmonautas, pero lo hizo más despacio, invirtiendo más tiempo en una primera criba que redujo el grupo de veinte a seis, y realizando su selección final el 30 de mayo de 1960. Gagarin, que había entrado a formar parte de los cadetes aéreos en 1951, cuando fue a estudiar tractores en la Escuela Técnica Industrial de Sarátov, estaba en ese último grupo. Siendo cadete, había mostrado un gran talento natural para volar y, una vez reclutado por el ejército soviético, fue entrenado como piloto de aviones de combate MiG-15. También en esto destacó. Mientras tanto, el equipo de Koroliev estaba ocupado en el diseño y pruebas de la cápsula espacial Vostok, que mantendría a Gagarin con vida durante su vuelo espacial.

En Estados Unidos, la NASA avanzaba en el desarrollo de su cápsula Mercury. Demostrando haber aprendido de sus errores anteriores, pusieron a von Braun a cargo del cohete Redstone-Mercury que serviría de lanzadera.

El 31 de enero de 1961 el alemán lanzó un vehículo de prueba en un vuelo suborbital que duró dieciséis minutos y treinta y nueve segundos. La trayectoria permitió a la cápsula llegar hasta el espacio y luego caer espontáneamente de nuevo a tierra. Pero lo importante de la prueba fue que llevaba un pasajero a bordo: el chimpancé *Ham*.

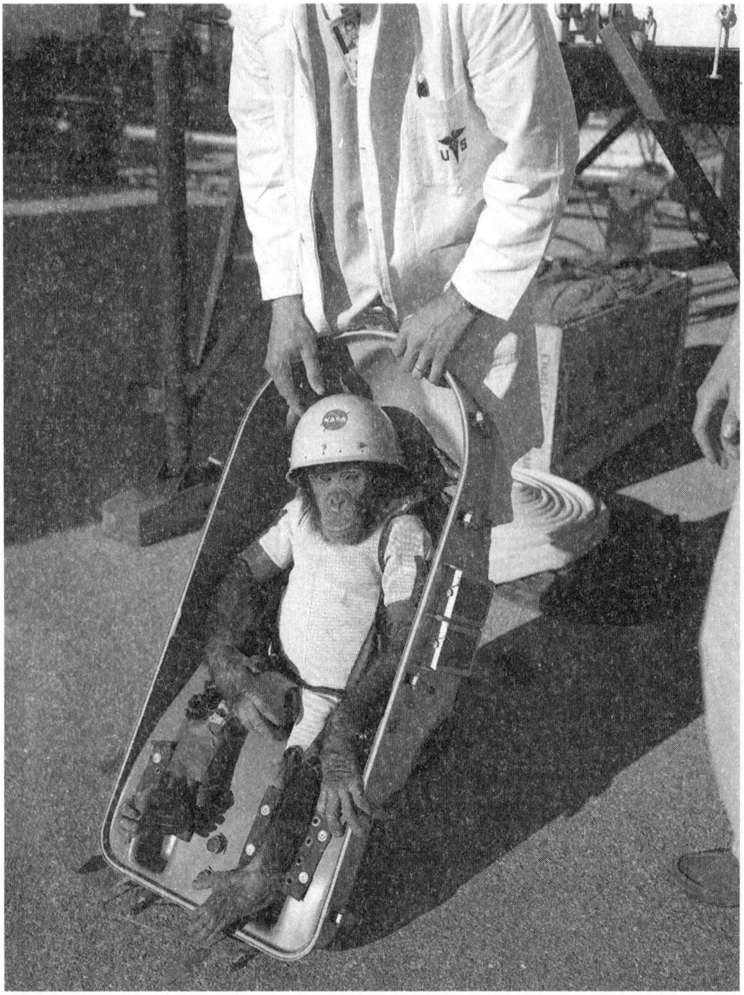

Ham preparado para su vuelo de prueba el 31 de enero de 1961 a bordo de un cohete Mercury-Redstone. (NASA)

Antes del vuelo, *Ham* había sido entrenado para apretar botones en respuesta a una luz intermitente. Al acabar su misión, la cápsula que lo alojaba cayó en el océano Atlántico y el chimpancé fue recuperado por la marina de los Estados Unidos en excelente estado de salud, salvo por una nariz algo magullada. El animal tenía alrededor de cuatro años cuando realizó el vuelo y vivió otros veintidós. Los datos registrados en su misión revelaron que sus reacciones a la luz intermitente se habían visto afectadas solo por una fracción de segundo, con lo que la NASA concluyó que un humano podría controlar instrumentos mientras volaba en el espacio. El éxito de *Ham* allanó el camino para un vuelo tripulado. Alan Shepard fue el astronauta elegido y los preparativos comenzaron en serio. Fue un período muy emocionante para todos los involucrados en el proyecto, pero antes de que pudieran alcanzar la plataforma de lanzamiento, Koroliev presionó el botón que envió a Gagarin al espacio y Estados Unidos volvió a perder.

El lanzamiento tuvo lugar el 12 de abril de 1961. Gagarin se mantuvo en contacto con la Tierra por radio en todas las etapas del viaje gracias a una serie de barcos soviéticos desplegados por todo el mundo para recibir la señal mientras los sobrevolaba. Al ver la Tierra por primera vez desde su ventana, comenzó a describir pequeños cúmulos y las sombras que estos proyectaban sobre la superficie de la Tierra. A continuación, interrumpió la descripción para exclamar, simplemente: «¡Hermoso! Hermoso». Más tarde, ya en la Tierra, explicó que la vista desde 175 a 300 kilómetros de altura era muy nítida, similar a la que se nos ofrece desde un avión a gran altura. Vio grandes cadenas montañosas, grandes ríos, grandes zonas boscosas, costas e islas.[90] A lo largo del vuelo repitió una y otra vez que se sentía muy bien.

Transcurridos unos dieciocho minutos aproximadamente, el sol comenzó a ponerse y Gagarin apagó las luces más luminosas de la cápsula para ver si podía ver las estrellas. Entonces, al desaparecer el astro bajo el horizonte, se hizo oscuro de repente y las estrellas brillaron de verdad. Observó que parecían más brillantes y claras que desde la superficie de la Tierra. Pasados cincuenta y siete minutos de vuelo, el ruso vio la atmósfera de nuestro planeta abrazando el horizonte de la Tierra. «Veo el horizonte de la Tierra. Tiene un hermoso halo azul. El cielo es negro. Veo estrellas, una vista fantástica», les dijo a los controladores en tierra.

Veinte minutos más tarde, la cápsula de Gagarin completó su órbita de la Tierra y comenzó su descenso a través de la atmósfera. Entonces, tal y como habían planeado, el astronauta se eyectó y lanzó en paracaídas de regreso a tierra. Aterrizó en un campo cerca de Sarátov, donde había comenzado su carrera estudiando tractores. Una mujer y una niña se le acercaron.

«¡No tengan miedo, camaradas! —exclamó—, soy amigo.»

Un mes más tarde, la NASA enviaría su primer hombre al espacio. Alan Shepard despegó finalmente en un breve vuelo suborbital que duró quince minutos. A finales de ese mismo mes, el presidente Kennedy obtendría el respaldo del Congreso para enviar un hombre a la Luna a finales de esa década. Sus asesores creían que se trataba de una carrera que Estados Unidos podía ganar, pero incluso si no lo hacían, pensaron, «es mejor para nosotros llegar segundos que no llegar... Si no aceptamos este reto, es posible que se interprete como una falta de fuerza y capacidad nacional para responder».[92]

En julio de ese año, el estadounidense Gus Grissom realizó un vuelo similar al de Alan Shepard, pero no fue hasta el febrero siguiente cuando la NASA logró que John Glenn recorriera tres veces la órbita a la Tierra. Para entonces, Guerman Titov, de la Unión Soviética, la había recorrido diecisiete veces a bordo del Vostok 2 en una misión que duró 23,5 horas. No cabía duda de que Rusia estaba ganando la carrera espacial, y su éxito tecnológico era inaceptable para los líderes estadounidenses.

No fue esta la única humillación internacional que tuvo que afrontar el presidente Kennedy. La crisis de los misiles cubanos y la guerra de Vietnam estaban generando malestar social en Estados Unidos. Se tenía la impresión de que la autoridad tradicional estaba fallando y surgió un movimiento contracultural para defender una forma diferente de hacer las cosas. Haciéndose eco del pensamiento teosófico, este movimiento defendía una sociedad tolerante e igualitaria comprometida con el mundo natural de una manera más espiritual en lugar de aquella dispuesta a conquistarlo mediante la tecnología. El 12 de septiembre de 1962, en el Rice Stadium de Houston, Texas, Kennedy justificó las misiones a la Luna como una demostración de la inalienable necesidad humana de explorar, pero el resentimiento en la sociedad por el tiempo, el dinero y el esfuerzo que se estaba invirtiendo en todo ello iba en aumento. A mediados de la década de 1960, cerca del 5 % del presupuesto del gobierno se destinaba a la NASA, y de este 5 %, la mayor parte recaía en las misiones lunares.[93] Demasiado, en opinión de muchos.

Las encuestas de opinión pública durante los años sesenta reflejaron sistemáticamente que entre el 45 y el 60 % de los estadounidenses creían que el programa de alunizaje del Apolo no valía la pena.[94] Sin embargo, y por contradictorio que parezca, aparte de los llamativos costes, una clara mayoría de la sociedad apoyaba los objetivos generales de la NASA. Esto quedó perfectamente resumido en una noticia del *Rome News Tribune* del 2 de febrero de 1971, que informaba de doscientos manifestantes negros que habían marchado a pie hasta Cabo Cañaveral (entonces llamado Cabo Kennedy), en Florida, en la mañana del lanzamiento del Apolo 14. Protestaban por los miles de millones de dólares que se estaban invirtiendo en las naves espaciales de las misiones lunares, mientras que muchos de ellos a duras penas llegaban a fin de mes. Uno de los líderes de la protesta, Hosea Williams, fue citado diciendo: «No estamos protestando contra los logros de Estados Unidos en el espacio exterior, estamos protestando por la incapacidad de nuestro país para priorizar las necesidades humanas». Preguntado sobre el espectáculo del despegue en sí, dijo: «El lanzamiento me ha parecido hermoso. Nunca en mi vida había visto algo tan magnífico».

Analizando en detalle la oposición al programa espacial, el historiador Matthew Tribbe, del Fullerton College, en California, encontró que la opinión sobre los alunizajes de Estados Unidos trascendía a todos los grupos demográficos.[95] No existía una pauta de apoyo simple entre jóvenes y ancianos, hombres y mujeres, ideología política de derecha e izquierda, científicos y artistas. Estar a favor o en contra de la exploración espacial era una categoría totalmente novedosa en sí misma. Evidenció que la exploración espacial era algo genuinamente nuevo en la experiencia humana, lo que significaba que la reacción de un individuo no podía predecirse a partir del conocimiento del resto de sus preferencias. Simplemente no encajaba en ningún marco histórico y, por lo tanto, no podía juzgarse en base a la experiencia pasada.

De la misma manera que Jung pensó que proyectamos nuestras esperanzas y temores en el cielo nocturno, el programa espacial se convirtió en un imán para nuestras creencias internas. Los que creían en el poder del progreso consideraron los logros de la carrera espacial como el heraldo de un nuevo y audaz futuro en el que la tecnología ayudaría a resolver nuestros problemas en la Tierra. Aquellos que no compartían esta creencia en la tecnología consideraron la exploración espacial como una trágica traición a la más elemental humanidad. Había convertido la serenidad del cielo nocturno en el sórdido terreno de la rivalidad política, sobre todo porque la única forma de llegar allí era utilizando la tecnología que había sido desarrollada para hacer caer sobre nosotros la lluvia del olvido nuclear.

Mientras tanto, la literatura sobre el espacio comenzó a virar hacia temas más oscuros, donde la exploración espacial era, en sí, el villano. En *The Andromeda Strain*, la novela de Michael Crichton publicada en 1969, una sonda espacial regresa a la Tierra después de haber sido contaminada con un microbio alienígena que resulta letal para cualquier humano que entra en contacto con él. En la clásica película de zombis *La noche de los muertos vivientes*, estrenada en 1968, los muertos son reanimados con la radiactividad extraterrestre llegada a la Tierra al explotar una sonda espacial en la atmósfera de nuestro planeta.

Si bien siempre ha habido historias de ciencia ficción sobre extraterrestres que nos invaden, como *La guerra de los Mundos* (1898) de H. G. Wells, estos nuevos relatos eran diferentes. No eran los extraterrestres sino la arrogancia humana la que representaba un peligro para la Tierra y causaba su destrucción. *Star Trek* fue una notable excepción. Estrenada en 1966, supuso una vuelta a las películas predominantemente optimistas de la década de 1950 en las que había trabajado Chesley Bonestell. Presentaba una utópica visión de humanos y extraterrestres trabajando juntos para explorar lo desconocido, e inicialmente fue un fracaso. Fue retirada de la cartelera en el verano de 1969, después de tres años de resultados mediocres en taquilla.[96]

Si bien la mayoría de los que se opusieron al Apolo lo hicieron porque pensaban que se podía destinar el dinero a mejores fines, hubo quienes expresaron una especie de temor existencial ante la posibilidad de que viajar al espacio cortara nuestra conexión con la Tierra e incluso nos despojara de nuestra humanidad.

La filósofa estadounidense Hannah Arendt publicó en 1958 su libro *La condición humana*, un análisis sobre cómo las actividades humanas han tenido siempre repercusiones involuntarias a lo largo de la historia. Argumentó, como muchos otros, que los descubrimientos telescópicos de Galileo (y los de sus contemporáneos) fueron un punto de inflexión en la historia. Arendt lo definió como el momento en que el acopio de conocimiento pasó de filósofos a científicos. No era un asunto trivial, defendió, porque los filósofos derivaban su conocimiento de pasivos actos de contemplación, mientras que los científicos lo hacían construyendo equipos y realizando experimentos y mediciones de manera activa. En este traspaso, sugirió, el hacer cosas en lugar de pensar en ellas se relacionó automáticamente con la adquisición de conocimiento y, por lo tanto, con el progreso. Un proceso durante el cual, añadió, dejamos de pensar en por qué hacemos las cosas.

Según Arendt, con la experimentación los científicos hicieron posibles cosas que no ocurrían de forma natural en la Tierra. La división del átomo y el posterior desarrollo de la bomba de hidrógeno, por ejemplo, desencadenaron en nuestro planeta las mismas reacciones de las cuales las estrellas obtenían su energía, un proceso que anteriormente solo había sido posible en las profundidades del espacio, lejos de nuestro mundo. Creyó que trasladar estos poderes a la Tierra nos estaba alienando de aquello que hacía únicos tanto a la propia Tierra como a la vida terrenal. Pensaba también que las teorías desarrolladas en el siglo XX que habían hecho posibles esos pasos de gigante (teoría cuántica y relatividad), estaban provocando que el universo fuera menos comprensible, porque describían la realidad de una manera matemática tan extraña que hacía que nos resultara imposible entender realmente su sentido. En su lugar, nos limitábamos a usar las recetas matemáticas de esas teorías para hacer que las cosas sucedieran ciegamente, sin pensar en si realmente deberíamos hacerlo.

El Sputnik 1 fue un acontecimiento especial para ella, diferente a todo lo que había ocurrido hasta entonces en la historia, porque nuestra incursión en el cielo nocturno hacía inevitable que enviáramos humanos a él. En su libro propuso que, en lugar de una precipitada carrera hacia la

Luna, debía darse cierta reflexión y un debate sobre cuáles podrían ser las repercusiones de enviar seres humanos al espacio. Ese debate, arguyó, nos brindaría al menos la oportunidad de entender por qué queremos explorar el espacio y encontrar formas de expresarlo en un lenguaje al alcance de todos.

Arendt adoptó está actitud de cautela porque creía que el espacio proporcionaría el «punto de Arquímedes» definitivo desde el cual ver la Tierra. Se trataba de un concepto científico según el cual uno está tan alejado del objeto que estudia que es capaz de verlo de manera completamente objetiva. Esta visión de la acción desde la perspectiva divina es lo que más valoran los científicos, ya que les permite comprender algo en lo que no están involucrados. Pero Arendt temía que al saltar al espacio dejaríamos de considerar la Tierra como nuestro hogar. Experimentar la Tierra en todo su desordenado detalle dejaría de tener sentido para nosotros y pasaríamos a interpretarla como nada más que cadenas de datos fríos y relaciones matemáticas.

Fue en este contexto de indiferencia y advertencias alarmantes cuando el hombre llegó a la Luna.

El primer alunizaje tuvo lugar el 20 de julio de 1969. La misión se llamó Apolo 11 y los astronautas que alcanzaron la superficie lunar fueron Neil Armstrong y Edwin «Buzz» Aldrin. Por ese breve instante, la sociedad olvidó en gran medida sus objeciones y el mundo se unió de una manera como pocas veces antes o después. Quinientos millones de personas (el 15 % de la población mundial) vieron por televisión cómo Neil Armstrong se convertía en el primer hombre en caminar sobre la Luna. Aquel sigue siendo el programa de televisión más visto en la historia de Estados Unidos, con una audiencia nacional estimada de entre 125 y 150 millones de personas.[97]

En la Unión Soviética se restó importancia al acontecimiento, que recibió escasa cobertura periodística. El cosmonauta Alekséi Leónov, que había realizado el primer paseo espacial del mundo en 1965 al pasar doce minutos fuera de su nave espacial, resumió sus sentimientos como una mezcla de envidia y admiración. En su libro *Two Sides of the Moon*, recordaba haber oído hablar del lanzamiento del Apolo 11 y pensar que, si él mismo no podía ser el primero en caminar sobre la Luna, esperaba entonces que los estadounidenses que acababan de despegar lo lograran. En realidad, a efectos prácticos, Rusia llevaba fuera de la carrera espacial desde 1966, cuando su diseñador jefe, Serguéi Koroliev, había muerto de manera inesperada en la mesa de operaciones durante una intervención rutinaria por un problema estomacal. Con la desaparición de Koroliev, el programa espacial perdió enfoque en medio de las luchas internas por su sucesión.

Y de esta forma, gracias a la consecución de una extraordinaria hazaña técnica y económica, Estados Unidos se llevó el premio más preciado de la carrera espacial. A su regreso en la Tierra, Armstrong y Aldrin se habían convertido en héroes nacionales a los que se homenajeaba dondequiera que fueran. Pero el logro espacial exacerbó también las críticas y el resentimiento se convirtió en repulsión. La exploración espacial se fue viendo cada vez más como un lujo elitista del hombre blanco, encarnación de la desigualdad que estaba envenenando a la sociedad estadounidense. En lugar de sentir asombro, al dirigir su mirada al cielo nocturno muchos estadounidenses veían injusticia.

Para llenar el vacío creado por su rechazo a un futuro tecnológico, cada vez más gente estaba recurriendo a y redescubriendo el tipo de espiritualidad que Blavatsky había promovido a través de la teosofía. Como resultado de todo ello, las creencias astrológicas y esotéricas comenzaron a proliferar y la contracultura se transformó en el movimiento New Age.

El pensamiento New Age se caracterizó por adoptar la idea esotérica de que el universo físico era una ilusión que ocultaba la verdadera realidad espiritual. Esto justificaba la oposición al programa espacial: si el mundo físico se consideraba una ilusión, entonces la exploración espacial era la mayor locura de todos los tiempos. En su lugar, los practicantes del New Age podían emprender sus propios viajes astrales mediante el uso de drogas que alteraban la mente. Esto los prepararía para la próxima revolución espiritual que conduciría a la era astrológica de Acuario.

El rechazo a la exploración espacial en la sociedad fue tal que solo un año después del Apolo 11, la mayoría de los estadounidenses a duras penas recordaba el nombre de Armstrong.[98] A pesar de que se lanzaron seis misiones Apolo más, la única que llegó a despertar una ínfima parte de aquel interés fue la del Apolo 13, y eso a causa de una explosión en la nave que estuvo a punto de costar la vida a los astronautas. Los políticos también perdieron interés. Habiendo logrado sus objetivos de la Guerra Fría, Washington recortó el presupuesto de la NASA, lo que obligó a la agencia a cancelar los tres últimos alunizajes de los diez previstos. La misión final tuvo lugar en diciembre de 1972 y, para entonces, la sociedad ya había pasado página. Nuestra conexión con el cielo nocturno y el universo circundante pareció haberse cortado para siempre.

Pero, como sucede tantas veces con el cielo nocturno, las apariencias nos volvieron a engañar.

11

El verdadero encantamiento

Desde el principio de los tiempos, los seres humanos hemos contemplado el cielo nocturno y nos hemos preguntado qué somos y por qué estamos aquí. En busca de una respuesta, siempre hemos procurado vincularnos con los reinos estrellados de alguna manera. Han sido varios los momentos de la historia en los que hemos querido establecer una conexión con ellos a través de la acción de los dioses o mediante misteriosas influencias que pronostican eventos futuros, o viendo en ellos un medio que moldea nuestra personalidad. Con el advenimiento de la ciencia, pareció que este persistente sueño incumplido finalmente desaparecería. Pero, a mediados del siglo XX, sucedió algo extraordinario.

Un reducido número de científicos demostró que existía, en efecto, una conexión fundamental entre nosotros y el cielo nocturno. Su trabajo llegaba a sugerir, incluso, la razón por la que nos rodea un universo gigante. Y con ello abonaron el terreno para el moderno hechizo del universo; uno que perdurará mientras haya alguien mirando las estrellas. La razón es que este hechizo se deriva de la ciencia comprobable más que de opiniones místicas. Aun así, no era en absoluto lo que los científicos se habían propuesto; ellos solo querían saber qué hacía brillar las estrellas.

En las primeras décadas del siglo XX, los físicos habían descubierto la verdadera naturaleza de la materia. El secreto era que todo estaba compuesto por partículas. El físico inglés J. J. Thompson había realizado el primer gran avance en 1887, al descubrir que los llamados rayos catódicos que se emiten desde la terminal con carga negativa de un circuito eléctrico estaban compuestos por partículas subatómicas. Las llamó electrones. Otro físico nacido en Nueva Zelanda, Ernest Rutherford, dio el siguiente paso en 1909 al demostrar que los átomos consisten en un núcleo central rodeado de electrones. El núcleo en sí estaba compuesto por dos tipos diferentes de partículas: protones y neutrones.

El número de protones determina la identidad química del átomo. El hidrógeno, por ejemplo, contiene un solo protón; el oxígeno contiene ocho. A través de estas investigaciones quedó claro que los núcleos atómicos almacenan energía que puede liberarse cuando interactúan entre sí. Estas recién descubiertas interacciones, que se bautizaron como reacciones nucleares, seguían dos caminos básicos: fusión y fisión. En la primera, los núcleos más ligeros se unen para formar un núcleo más pesado; en la segunda, un núcleo más pesado se divide en dos o más núcleos más ligeros.

En la década de 1920, el astrofísico británico Arthur Eddington sugirió que tal vez eran las reacciones nucleares las que proveían de energía a las estrellas, y la astrofísica británica Cecilia Payne utilizó su tesis doctoral para demostrar que las estrellas estaban compuestas principalmente de gas hidrógeno y helio. Esto significaba que esos dos elementos eran, con creces, los productos químicos más abundantes en el universo. Juntos, ambos trabajos inspiraron a generaciones de investigadores que, de manera gradual, crearon el cuerpo de conocimiento moderno sobre cómo generan las estrellas su energía.

Ahora está probado más allá de toda duda que el hidrógeno y el helio constituyen aproximadamente el 98 % de la masa atómica del universo. El otro 2 % lo componen los demás elementos químicos combinados: el silicio en las rocas, el nitrógeno en el aire, el oxígeno en el agua, etcétera.

El hidrógeno y el helio se originaron durante la formación del propio universo, momento al que los astrónomos se refieren como Big Bang. En aquel entonces, hace unos 14 mil millones de años, eran básicamente los únicos elementos que existían. En la década de 1950, el astrofísico británico Fred Hoyle y sus colaboradores escribieron una serie de artículos que defendían la teoría de que el restante 2 % de los elementos se había creado mediante reacciones nucleares dentro de las estrellas. La idea de base es que en el centro de cada una de ellas hay un reactor nuclear natural que fabrica elementos que van desde el hidrógeno hasta el hierro. Al final de la vida de la estrella, estos son liberados al espacio.

A veces, las estrellas expulsan los elementos mediante vientos suaves al final de sus vidas, ya que se quedan sin combustible de hidrógeno que transformar. Este será el destino de nuestro Sol dentro de unos 4.500 millones de años. En el otro extremo, cualquier estrella con más de cinco veces la masa del Sol morirá en una gigantesca explosión conocida como supernova. La estrella se hace estallar a sí misma literalmente en pedazos y la consecuente y masiva liberación de energía crea aquellos elementos químicos más pesados que el hierro, que acaban esparcidos por el espacio. Estas supernovas fueron las responsables de las «nuevas estrellas» avistadas por Tycho y Kepler, y los astrónomos modernos han identificado nubes de gas y polvo producto de estos desafortunados cuerpos celestes aún en expansión.

Conforme Hoyle y sus colegas realizaban estos extraordinarios avances, empezaron también a darse cuenta de las apabullantes implicaciones de su trabajo: el hierro en nuestra sangre, el oxígeno en nuestros pulmones, el carbono en nuestro ADN surgieron billones de años atrás en los corazones de estrellas. El universo tardó miles de millones de años en crear las generaciones de estrellas necesarias para producir los elementos de los que están hechos planetas como la Tierra y vida como nosotros. Y durante ese tiempo, el enorme universo se ha expandido hasta convertirse en lo que vemos hoy a nuestro alrededor.

Una carta contenida en la biblioteca de St John's College de Cambridge muestra en detalle cómo Hoyle le dio esta trascendental noticia a su esposa. Le dijo con bastante naturalidad que el hierro de sus cacerolas se había fraguado en antiguas estrellas. El joven astrónomo Carl Sagan se expresó de forma más erudita en 1966, al escribir que «nuestros huesos están hechos de calcio formado [en una estrella en proceso de envejecimiento] hace miles de millones de años».[99] Pero fue la cantante y compositora canadiense Joni Mitchell quien sintetizó esta conclusión científica en su más memorable epíteto, el de su canción *Woodstock*, escrita en 1969, cuyo estribillo comienza con «Somos polvo de estrellas...».

Con estas conclusiones, la ciencia nos había vinculado de la forma más íntima posible con el universo circundante y este conocimiento creó un puente entre la ciencia y el pensamiento New Age, al establecer una conexión tangible con el cosmos. Y no solo eso. Aunque los costes de los alunizajes de las misiones Apolo provocaron grandes discrepancias, también era innegable que se estaba creando un vínculo emocional entre las personas y las imágenes que dichas misiones nos habían devuelto. Pero no fueron las imágenes de la superficie lunar las que más impactaron al público en general, sino las vistas de nuestro propio planeta que se habían tomado, de forma imprevista, el año previo al famoso pequeño paso de Neil Armstrong.

Menos de un año antes de que Estados Unidos ganara finalmente la carrera lunar, los soviéticos habían logrado otra gran victoria. En septiembre de 1968 lanzaron la Zond 5 a la Luna. Se trataba de una nave espacial que transportaba muestras biológicas como moscas, gusanos, plantas, semillas y tortugas y un maniquí humano equipado con sensores de radiación. Era una clara señal a los estadounidenses de que, en un futuro próximo, probablemente antes del fin de aquel año, los soviéticos tenían la intención de enviar cosmonautas a, como mínimo, orbitar nuestro satélite natural. Dada la enorme cantidad de dinero que estaba gastando la NASA, Estados Unidos no podía volver a quedar en segundo plano.

Por ello, cuando los problemas provocaron que el programa de lanzamiento del Apolo tuviera que ser modificado, los funcionarios de la NASA idearon un nuevo plan para poner a tres astronautas en la órbita lunar antes de Navidad. Se acordó por unanimidad, y el 21 de diciembre de 1968 el Apolo 8 despegó de Cabo Cañaveral. Dentro iban los astronautas Frank Borman, Jim Lovell y William Anders. Tras solo tres horas y treinta y seis minutos llegaron al punto más lejano al que había volado nunca un humano en el espacio, superando el récord de 1.369 kilómetros establecido en 1966 por Pete Conrad y Dick Gordon a bordo del Gemini 11. Mientras se dirigían hacia el espacio exterior, los astronautas miraron hacia atrás, a la Tierra, y contemplaron algo que ningún ser humano había visto antes. Todo el océano Atlántico, enmarcado por masas de tierra, a la vista: América al oeste, Europa y África al este.

«Ahora tenemos una hermosa vista de Florida —dijo Lovell al control de la misión—, y al mismo tiempo puedo ver África. África occidental es hermosa. Y también puedo ver Gibraltar a la vez que Florida.»[100]

El control de la misión le pidió que tomara una foto, tras lo cual el tripulante retomó su tarea programada, que consistía en la configuración de un chequeo del sistema de comunicaciones. Pero mientras lo hacía, sus compañeros en tierra no pudieron resistirse a la tentación de preguntarle qué más veía. «Desde la ventana central veo ahora toda la Tierra. También puedo ver Florida, Cuba, Centroamérica, toda la mitad norte de Centroamérica y hasta Argentina y Chile», dijo Lovell.

En algún momento durante los siguientes diez minutos, la tripulación hizo la primera foto en la historia de la humanidad de toda la Tierra. Tras el regreso de la misión, se reveló en los laboratorios fotográficos de la NASA y el resultado fue impresionante: el hemisferio sur estaba en la parte superior de la imagen con Sudamérica a la vista; las nubes cubrían gran parte del globo, pero Florida, desde donde habían salido los astronautas, estaba soleada y asomaba por detrás de una gruesa capa de nubes. El azul del océano Atlántico dominaba la mitad inferior del globo, con la costa de África occidental apenas visible a la izquierda de la imagen, continente sobre el que la noche avanzaba lentamente, dando a la Tierra el aspecto de una fase gibosa.[101]

Pero, a pesar de su belleza, esta no fue la imagen más llamativa de la Tierra tomadas por la tripulación durante aquella misión. En la víspera de la Nochebuena de 1968, el módulo de comando del Apolo 8 recorría su cuarta órbita a la Luna. Anders estaba fotografiando la superficie lunar para identificar posibles puntos de alunizaje para misiones posteriores. Todo era rutinario, cuando, de repente, exclamó: «Oh, Dios mío, mira esa imagen de ahí».

La Tierra estaba apareciendo por encima del horizonte de la Luna. Anders giró su cámara y capturó la escena, produciendo la ya icónica imagen de «la salida de la Tierra». Si bien en aquel momento su planeta de origen albergaba cerca de 3.500 millones de personas, cualquiera de los astronautas podía taparlo con solo levantar la mano. Recordando aquel momento en 2018, Anders escribió: «Pensé en mi esposa y mis cinco hijos en ese pequeño planeta. Su destino estaba bajo la influencia de las mismas fuerzas que otros tres mil quinientos millones de habitantes. Desde nuestra diminuta cápsula parecía como si la Tierra fuera más pequeña incluso que el espacio que ocupábamos los tres».[102]

Horas más tarde, los astronautas participaron en una retransmisión en vivo a la Tierra por televisión. Ante una audiencia estimada de 500 millones de personas, mostraron al mundo lo que ellos habían visto antes. Apuntando con la cámara de televisión en blanco y negro desde la ventana hacia el exterior, transmitieron imágenes de una Tierra medio iluminada que colgaba sobre un accidentado paisaje lunar. Mientras el público contemplaba esa extraordinaria imagen, Lovell dijo: «La soledad es inmensa y sobrecogedora, y hace que te des cuenta de lo que tienes en la Tierra».

Poco después, los astronautas leyeron fragmentos de la Biblia.[103] Durante la planificación del vuelo se les había pedido que dijeran algo apropiado, pero ¿cuáles eran las palabras apropiadas cuando uno es ingeniero, no poeta, y se dirige a sus compatriotas (y muchos otros) desde un punto de vista que nadie ha experimentado antes? Como no conseguían decidirse, consultaron a sus esposas. Esto tampoco dio resultado, así que hablaron con sus amigos. Finalmente, uno de ellos tuvo una idea: leer un pasaje de la Biblia. Y así fue como declamaron los diez primeros versículos del Génesis. Pero fue la imagen de la Tierra, no el mensaje religioso, lo que realmente caló entre los espectadores.

Uno de los que estaba mirando esto era el poeta estadounidense Archibald MacLeish. Enseguida se dio cuenta de la importancia de aquellas imágenes y escribió un análisis profético para *The New York Times*, que se publicó pocas horas después, el día de Navidad.

Titulado «Jinetes en la Tierra juntos, hermanos en el frío eterno», el artículo describe cómo la noción que la humanidad tiene de sí misma ha dependido siempre de su noción de la Tierra y quedaba implícito en su escrito que nuestra noción de la Tierra siempre ha estado determinada por nuestra relación con el cielo nocturno.[104] MacLeish lo ilustra diciendo que la Tierra fue una vez el centro del universo, con el cielo arriba y el infierno abajo; Dios estaba en su cielo y los humanos eran su única preocupación. Después llegó la revolución científica y el destronamiento de Dios como arquitecto divino de la creación. Según esta visión atea de la naturaleza, los humanos eran los habitantes accidentales de un universo físico que no fue diseñado para ellos ni creado para asegurar su supervivencia eterna. De hecho, MacLeish nos llamó «las indefensas víctimas de una farsa sin sentido». Y trasladar el poder de las estrellas a la Tierra en forma de bombas de hidrógeno puso a la raza humana «más allá del alcance de la razón... perdida en el absurdo y la guerra».

MacLeish esperaba que la circunnavegación de la Luna y la nueva imagen de la Tierra que esto nos proporcionó, hubiéramos llegado a otro punto de inflexión para la humanidad; pensaba que ver la Tierra flotando en la vasta oscuridad del cielo nocturno nos haría reevaluar lo que significa ser humano. Habíamos pasado de considerarnos la raza elegida de Dios a ser víctimas de un desarrollo tecnológico sin sentido, pero MacLeish pensaba que esa misma tecnología nos permitiría ahora entender verdaderamente nuestro lugar en el universo. El poeta albergaba la esperanza de que, desde esta nueva perspectiva, «el hombre por fin se convierta en él mismo». Finalmente, nos daríamos cuenta de que el futuro está en nuestras manos, que con nuestras decisiones creamos nuestro destino.

Tenía también la esperanza de que esta nueva comprensión uniera a la raza humana como nunca. «Ver la Tierra como realmente es, pequeña y azul y hermosa en ese silencio eterno en el que flota, es vernos a nosotros mismos juntos como tripulantes en la Tierra, hermanos en esa brillante hermosura del frío eterno, hermanos que saben ahora que son verdaderamente hermanos.»

Esa imagen a todo color de «la salida de la Tierra» causó asombro no solo en Estados Unidos, sino en todo el mundo. Su fuerza radicaba en que nos ofrecía una perspectiva de nosotros mismos que nunca habíamos tenido.

A lo largo de la historia habíamos contemplado la oscuridad y visto los objetos celestes enmarcados por la negritud del cielo nocturno, pero nunca habíamos visto la Tierra de esa manera. Este punto de vista confirmaba de forma visceral que éramos una parte integral del universo circundante en lugar de estar separados de él de manera alguna. Esto era algo que ya conocíamos de forma intelectual, pero verlo con nuestros propios ojos lo transformó en una experiencia emocional, y, para la mayoría de las personas, esta fue la diferencia para devolvernos el sentido de conexión con el planeta y el universo más allá. Lo que ocurrió fue exactamente lo contrario de lo que Hannah Arendt había temido que sucediera cuando los humanos miraran hacia la Tierra. Afortunadamente, en lugar de desapegarnos de nuestra humanidad, descubrimos que esta se había reforzado.

En 1983, el autor Don DeLillo resumió esos mismos sentimientos en su relato corto *Momentos humanos de la Tercera Guerra Mundial*. Justo al comienzo de la historia, un astronauta está mirando a la Tierra y DeLillo describe que «la vista es infinitamente gratificante. Es como la respuesta a toda una vida de preguntas y anhelos insatisfechos». Desde entonces, la importancia de «la salida de la Tierra» no ha hecho sino aumentar. En 2003, los editores de la revista *Life* publicaron las 100 fotografías que cambiaron el mundo. La imagen principal que eligieron para la portada fue la de «la salida de la Tierra». En el pie de foto, el fotógrafo estadounidense Galen Rowell la describía como «la fotografía ambiental más influyente de la historia». De hecho, simbolizaba perfectamente el incipiente movimiento ecologista de Occidente. Una Tierra, una humanidad, un hogar.

Anders lo resumió a la perfección en 2018 con motivo del quincuagésimo aniversario de la foto: «Nos propusimos explorar la Luna y, en cambio, descubrimos la Tierra», escribió.[105]

En el último lanzamiento de una misión lunar, la del Apolo 17, la imagen de mayor impacto fue la que los astronautas tomaron de la Tierra tras poco más de cinco horas de vuelo.[106] Hecha a unos 45.000 kilómetros de distancia, capturó el globo terráqueo totalmente iluminado.[107] África queda justo en el centro de la imagen, con el desierto dorado del Sahara claramente visible. Es diciembre, verano en el hemisferio sur, y la capa de hielo de la Antártida, completamente iluminada, domina la imagen. Nubes blancas se enroscan sobre el globo y en la parte superior derecha está el ciclón de Tamil Nadu que mató a ochenta personas. La instantánea resumió a la perfección tanto la belleza de la Tierra como la fragilidad de la vida en ella.

La fotografía fue enviada a los medios de comunicación el sábado 23 de diciembre de 1972 y, también en este caso, causó sensación, apareciendo en la portada de casi todos los periódicos del planeta. Conocida como «Mármol azul», es seguramente el hito más importante de la misión Apolo 17. Está libre de derechos y se ha convertido en una de las imágenes más reproducidas, si no la que más, de todos los tiempos. Es, también, un símbolo del movimiento medioambiental.

Al volver a la Tierra, y cada vez que intentaban poner en palabras sus experiencias, los astronautas experimentaron un efecto secundario del programa espacial absolutamente inesperado. Durante la fase de entrenamiento, estos hombres y mujeres habían aprendido exactamente cómo volaba su nave espacial, las razones por las que funcionaban las trayectorias, así como todo lo que estaba programado que sucediera durante la misión, pero nada los había preparado para los efectos emocionales que produciría estar en el espacio. Al hablar de sus experiencias, quedaba claro que todos sentían que algo había cambiado en ellos a un nivel muy profundo.

Gene Cernan, que caminó sobre la Luna durante la misión Apolo 17, declaró a la revista *The Atlantic*: «Te tienes que pellizcar literalmente y preguntarte, en silencio: ¿Sabes dónde estás en este momento temporal y espacial, en la realidad y en la vida, cuando desde la ventana puedes contemplar el astro más hermoso del cielo, el más hermoso porque es el que entendemos y conocemos, es el hogar, es la gente, la familia, el amor, la vida, y además de todo ello, es bello? Tu vista alcanza de polo a polo, a través de océanos y continentes, y puedes ver cómo gira y no hay cuerdas que la sostengan, y se mueve en una negrura que está casi más allá de lo concebible».[108]

Muchos astronautas evocaron sentimientos de profunda conexión con el cosmos y de unidad de toda la vida en la Tierra, algo que no hubieran sonado fuera de lugar viniendo de algún gurú de la New Age con aspiraciones a desarrollar una «conciencia superior».

A un nivel más humano, Russell «Rusty» Schweickart estuvo en órbita alrededor de la Tierra como parte de la misión Apolo 9. Su esposa bromea diciendo que se fue al espacio enamorado de ella, pero volvió enamorado del planeta Tierra. Vivió su revelación durante un paseo espacial. Como es habitual en estos vuelos, la actividad se había programado al minuto, pero una avería en una cámara hizo que, en lugar de trabajar sin pausa siguiendo el constante flujo de instrucciones desde el control de la misión, Schweickart se viera flotando sobre la Tierra con tiempo para reflexionar. La pregunta que le vino a la cabeza entonces fue cómo un niño de Nueva Jersey había llegado hasta ahí, en relación no tanto al hecho de estar en órbita sino a ser, en cierto modo, un enviado sensorial de la raza humana. «Se puede decir que me designé a mí mismo un elemento sensorial... Como un globo ocular en un par de oídos y ojos en la punta de un dedo... Cuando la humanidad comienza a salir del útero... de la Madre Tierra.»[109]

La forma en que los primeros astronautas describieron lo que veían estando en órbita constituye el indicio más temprano del cambio psicológico que los vuelos espaciales pueden llegar a provocar. John Glenn fue el primer estadounidense en orbitar la Tierra. Durante el resto de su vida, cuando se le preguntaba qué sentía al respecto, sus respuestas generalmente evitaban cualquier referencia al orgullo nacional. Habló, en cambio, de la gran belleza de nuestro planeta. Recordaba, en particular, los amaneceres que llegaban aproximadamente cada noventa minutos mientras se movía veloz alrededor de la Tierra. En 1997 compartió con la revista *American History* que, si bien desde la Tierra los amaneceres son dorados y naranjas, desde el espacio, y debido a los efectos ópticos en la atmósfera terrestre, se ven todos los colores del arcoíris durante la impresionante experiencia.[110]

En el caso de los astronautas que pasaron días en el espacio, y en especial aquellos que fueron a la Luna, las sensaciones se magnifican. Edgar Mitchell, que caminó sobre la Luna como parte de la misión Apolo 14, era muy consciente de su cambio de perspectiva. En 1974, después de varios años de reflexión, explicaba a la revista *People* que «desarrollas una conciencia global inmediata, una orientación hacia las personas, una insatisfacción intensa con el estado del mundo y la compulsión por hacer algo al respecto. Desde allí, desde la Luna, la política internacional se ve muy mezquina. Te gustaría agarrar a un político por el pescuezo y llevarlo a un cuarto de millón de millas de la tierra y decirle: "Mira eso, hijo de puta"».

También se dio cuenta de que determinados hechos científicos ya conocidos adquirían, de repente, un nuevo significado. Estando en órbita se veían diez veces más estrellas que desde la Tierra y esto le hizo pensar en el entonces reciente descubrimiento científico de que la mayoría de los átomos de su cuerpo y de su cápsula espacial se crearon en los corazones de estrellas gigantes hace miles de millones de años. Le sobrevino una eufórica sensación de conexión con esas estrellas. «Me di cuenta de que los prototipos de las moléculas de mi cuerpo, de la nave espacial y de mis compañeros se crearon en una antigua generación de estrellas. Y se volvió algo muy personal, más allá de un conocimiento objetivo. "Oh, sí. En esas estrellas se formaron moléculas y átomos". No. *Mis* moléculas se hicieron en esas estrellas, y fue como "¡Ostras!".»[111]

Cuando volvió a la Tierra, Mitchell comenzó a buscar una explicación a sus sentimientos o, al menos, una descripción similar, con la esperanza de encontrar a alguien que hubiera experimentado ese extraordinario estado mental, pero no halló nada ni en el terreno de la ciencia con el que estaba familiarizado ni en los textos religiosos que consultó. Fue entonces cuando le hablaron de un antiguo documento llamado *Yoga Sutras de Patañjali*. Se trataba de una compilación de la sabiduría y la práctica del yoga. Una parte describía el estado meditativo de *savikalpa samadhi* por el que el individuo se concentra en un objeto hasta tal punto, que su estado consciente se transforma en una feliz unidad con su entorno. Y en esta descripción Mitchell reconoció lo que le había sucedido. Lo más extraordinario de todo es que los *Yoga Sutras* se habían escrito más de 1.500 años antes de que Mitchell volara al espacio.

Todos los astronautas que regresaron de esas primeras misiones vivieron un cambio personal que el final de la experiencia no pudo revertir. Haber visto la Tierra desde arriba les hizo tomar conciencia de que nuestro mundo es una entidad única y hermosa, y su gente un todo unido (incluso si ellos creían que eran una serie de naciones divididas). Mitchell lo resumió en una sola línea: «Fuimos a la Luna como técnicos. Regresamos como humanitarios».[112]

Para el astronauta del Apolo 11 Michael Collins, que pilotó el módulo de mando lunar mientras Armstrong y Aldrin caminaban sobre la Luna, la experiencia fue tan positiva que dijo: «Es una pena que hasta ahora esta panorámica [de la Tierra desde el espacio] haya sido propiedad exclusiva de un puñado de pilotos de prueba en lugar de los líderes mundiales, necesitados de esta nueva perspectiva o de los poetas, que podrían transmitírsela».[113]

Aunque los alunizajes llegaron a su fin, Estados Unidos y Rusia continuaron colocando personas en órbita y, cuantas más de ellas veían nuestro planeta desde arriba, más evidencias se recababan de que la experiencia provocaba un cambio cognitivo real. En 1987, el autor Frank White publicó un libro sobre el tema basado en el testimonio de veinticinco astronautas y acuñó con el título el término *El efecto perspectiva*. Describió las características comunes de este efecto como una sensación de asombro ante la belleza y fragilidad del planeta, que conduce a la comprensión de la interconexión de toda forma de vida y a un sentido renovado de responsabilidad hacia el medio ambiente.

En 2006, la psiquiatra estadounidense Eva Ihle envió a 175 astronautas un cuestionario para responder de forma anónima con preguntas relacionadas con la experiencia de estar en el espacio. De los treinta y nueve que respondieron, todos y cada uno de ellos afirmó que estar en el espacio había sido una experiencia importante que los había llevado a hacer cambios positivos y duraderos en su actitud personal y su comportamiento. De las reacciones emocionales a las que se refirieron, la más intensa tenía que ver siempre con la belleza y la fragilidad de la Tierra. Curiosamente, Ihle descubrió que esta reacción no variaba, aunque lo hiciera el grupo demográfico al que perteneciera el encuestado, el número de misiones en las que había participado o el tiempo total que había pasado en el espacio.[114] En otras palabras, ver la Tierra desde ese punto de vista divino te transformaba para siempre.

Varios estudios llevados a cabo en los últimos años han constatado que la emoción del asombro —presente de manera tan clara en el efecto perspectiva— puede ejercer un efecto transformador en nuestras vidas. Hace que las personas se sientan más altruistas, menos estresadas, menos presionadas por el tiempo y menos materialistas.[115] Es como si el asombro disminuyera el sentido de importancia de uno mismo y nos predispusiera a comportarnos de una manera beneficiosa para el colectivo. El efecto de perspectiva experimentado por los astronautas es, simplemente, un ejemplo extremo de lo anterior y, como demostraron los *Yoga Sutras*, no es la única forma de lograrlo.

Presenciar un fenómeno natural como una puesta de sol; contemplar un inmenso paisaje; meditar; estudiar una gran obra de arte o asistir a una actuación musical; todo esto puede generar el mismo sentimiento de asombro. También lo logra comprender algo desde un nuevo punto de vista, como podría ser la explicación científica de un fenómeno por lo demás misterioso. La forma más fácil de experimentar asombro, como decíamos al principio del libro, es pararse bajo el cielo nocturno y contemplar las estrellas. En la era actual, sin embargo, la contaminación lumínica de la vida urbana ha hecho que las estrellas desaparezcan en gran medida de nuestra vista. Así, muchas personas han perdido completamente la forma más fácil de sentir ese asombro y esa conexión con el cosmos que nuestros antepasados vivieron de forma natural. ¿O no?

Lo cierto es que nunca hemos tenido el universo tan a nuestro alcance. Por primera vez en la historia, uno no necesita estar bajo el cielo nocturno para sentirse conectado con el cosmos. El programa espacial ha enviado robots a todos los rincones de nuestro sistema solar. Los telescopios espaciales escudriñan como nunca las más lejanas profundidades del espacio y, en lugar de almacenarse en campus universitarios, esas imágenes están ahora disponibles gratuitamente en Internet. Hoy en día casi cualquier individuo puede ver a través de los ojos de un robot que recorre los desiertos de Marte o presenciar extraordinarias tormentas solares que se desencadenan con la energía de mil millones de bombas atómicas. Podemos observar galaxias distantes en plena colisión o dirigir nuestra mirada hacia los viveros estelares donde nacen nuevas estrellas. Desde 2019 podemos incluso ver la silueta de gigantescos agujeros negros que acechan en el centro de galaxias cercanas.

Todas estas maravillas están disponibles con solo tocar un botón; es el último *reality show* a la carta y está fomentando una relación con el cielo nocturno única en la historia. Ahora vemos el universo a todo color, en primer plano y de manera tangible de una forma inédita; y, por esta razón, el cielo nocturno está más cerca de nosotros que nunca. La televisión y el cine nos ofrecen representaciones realistas y con todo detalle del espacio profundo y los planetas, tanto en documentales sobre hechos reales como en series televisivas de ficción. Lo primero que se ve en la histórica película de 1977 de George Lucas, *Star Wars*, justo antes de que la nave espacial entre con un ruido atronador por la parte superior de la pantalla, es la hermosa atmósfera azul que envuelve al planeta ficticio Tatooine, tal y como Yuri Gagarin describió la atmósfera de la Tierra en su vuelo espacial.

A la vanguardia de esta nueva perspectiva cósmica se encuentra el Telescopio Espacial Hubble. Desde su puesta en marcha en 1990, nos ha estado proporcionando un flujo constante de extraordinarias panorámicas llegadas desde muy lejos para reconectarnos con el universo. Nos ha mostrado los confines más lejanos del espacio profundo, estrellas en explosión, galaxias caníbales, colisiones entre un cometa y un planeta; la lista de maravillas es interminable. Incluso sin entender la física de lo que reflejan, las imágenes son en sí mismas estéticamente hermosas y, dado que representan algo mucho más grande que nosotros mismos, pueden resultar sobrecogedoras. Poco a poco, estas y otras imágenes producidas por los miles de sondas que hay hoy en día en el espacio nos están volviendo a conectar con el universo.

Atisbé por primera vez esta nueva conexión el 6 de agosto de 2012, durante el aterrizaje del astromóvil *Curiosity* de la NASA en Marte. Me levanté temprano para seguirlo a través de Internet y me sorprendió la gran cantidad de personas que hablaban de ello en las redes sociales. También me sorprendió la multitud que se había congregado en Times Square, en Nueva York, para ver la retransmisión del acontecimiento en vivo. Pero quizá lo más interesante de todo fue que no había cámaras en el módulo de descenso. Estábamos viendo los rostros y las reacciones de los controladores de la misión de la NASA, experimentando a través de ellos su conexión con la nave espacial, su conexión con el universo.

Creo que estamos viviendo un nuevo encantamiento del cielo nocturno que no se basa en asociaciones místicas u ocultismo. Este genuino encantamiento tiene su origen en la ciencia del cielo nocturno combinada con las imágenes que la tecnología nos ha permitido captar. La combinación de imágenes bellas y hechos extraordinarios genera asombro, tanto ante el universo en sí como ante el logro humano que representa poder desentrañar sus secretos.

Ahora, al adentrarnos en el cielo nocturno, podemos mirar de vuelta a la Tierra y dejarnos asombrar por su belleza. Hemos invertido la forma de pensar tradicional. Lo que es asombroso ya no es el espacio: es el frágil equilibrio de la Tierra. Este es el verdadero legado de la carrera espacial, no el teflón ni el resto de los supuestos derivados tecnológicos, sino el darnos cuenta de que nuestro planeta de origen no es tan grande como pensamos estando en su superficie.

La verdad más amplia es que la influencia del cielo nocturno sobre nosotros es hoy mayor que en ningún otro momento de la historia. Estamos más conectados que nunca con el cosmos, pero no somos conscientes de ello porque lo hemos normalizado. Ahora usamos satélites para las comunicaciones, para pronosticar el tiempo, para la navegación. Hay, incluso, prototipos de relojes que recogen señales de radio de estrellas superrápidas para marcar la hora con mayor precisión que la mayoría de los relojes de la Tierra.[116] Ahora usamos el espacio para las mismas cosas que lo hacían los primeros cazadores-recolectores. Hemos cerrado el círculo; hoy simplemente lo hacemos de manera más fiable gracias a la tecnología.

Y a pesar de la preponderancia de la vida en las ciudades, la gente busca el cielo nocturno. Se ha informado profusamente del aumento del llamado astroturismo durante 2017.[117] Son viajes para ver eclipses, la aurora boreal o para experimentar simplemente qué se siente bajo un cielo nocturno realmente oscuro. Y, a medida que las empresas desarrollen y vendan el turismo espacial, el número de personas que experimentarán el efecto perspectiva al ver nuestro planeta desde el espacio irá en aumento. Parece que cada vez más de nosotros estamos destinados a sentir aquello que Fred Hoyle, el astrónomo que descubrió que estamos hechos de polvo de estrellas, ya había comprendido intelectualmente cuando afirmó que «el espacio no es remoto en absoluto. Está a solo una hora en coche si su coche pudiera ir directamente hacia arriba».[118]

Cuando en 2005 visité el convenientemente bautizado Very Large Telescope (VLT, telescopio muy grande) del Observatorio Europeo Austral en la cima del cerro Paranal, en Chile, viví una auténtica epifanía. Estaba de pie con otros astrónomos en la cima de la montaña, al anochecer. Rodeados por la tierra roja del desierto de Atacama y empequeñecidos por los relucientes edificios de metal que albergan los cuatro telescopios gigantes del VLT, permanecimos de espaldas al Sol y observamos cómo el color desaparecía del cielo. Estábamos esperando a que el astro tocara el horizonte porque entonces, en los pocos minutos que tardaría en desaparecer por completo, veríamos la silueta de la Tierra elevarse hacia el cielo y esa oscuridad que avanzaba lentamente nos invitaría a buscarnos a nosotros mismos.

Cuando comenzó el espectáculo, los que me rodeaban se movieron inquietos. Primero vimos el contorno oscuro de la montaña elevándose, proyectado en el cielo. A continuación, los edificios del telescopio tomaron la apariencia de bloques cuadrados en la cima de la montaña. Entonces llegó el momento de la verdad. Si el aire estaba lo suficientemente quieto, entonces, justo antes de que la luz del sol desapareciera por completo, veríamos nuestras propias siluetas aparecer en el cielo nocturno. Cuanto más quieto estuviera el aire, más fácil sería verlas y mejor sería la panorámica del universo esa noche.

Mi corazón se aceleró. Creí ver, en efecto, pequeñas figuras con el aspecto de formas humanas. ¿Podría haber sido tanta mi suerte? Miré a mi compañero, que sonrió.

«Va a ser una buena noche», dijo.

Volví a mirar directamente al cielo, pero las figuras ya habían desaparecido dando paso, una por una, a las estrellas. Pronto tapizaron el cielo de una manera que a los habitantes de las ciudades nos cuesta creer. Eran tantas que pronto enterraron las constelaciones que conocía, las señales que utilizo para orientarme en el cielo nocturno. Estar perdido en algo que creía conocer tan bien me produjo vértigo. Y fue entonces cuando sentí una sensación abrumadora que se transformó a continuación en una especie de euforia.

Los telescopios a mi alrededor entraron en funcionamiento. Guiados por computadoras, los edificios que los albergaban rotaban prácticamente en silencio y los instrumentos se movían captando sus primeros objetivos de la noche. Con la tierra del desierto bajo mis pies y las estrellas sobre mi cabeza, el aire frío en el rostro y el fuego de la imaginación en mi mente, me encontraba bajo el manto de la noche pero conectado con el cosmos. En ese momento, mi anhelo por conocer los secretos del cielo nocturno ardió con más intensidad que nunca. Experimenté una profunda calma acompañando mi euforia, una nítida sensación de privilegio por haber presenciado un momento de tan extrema belleza natural, y me sentí parte del gran universo.

Durante ese breve lapso de tiempo, dejé de ser un ser vivo autónomo, recorriendo mi camino en el mundo exterior; fui uno con todo lo demás. Esa impresionante visión del cosmos me estimuló de una manera tan profunda que me vi obligado a enfrentar el hecho de que no soy más que una minúscula parte de algo mucho más grande. Confío en la ciencia y sus métodos para conectarme con el universo y satisfacer la necesidad primaria de comprender el misterio original de su existencia. Pero ahora entiendo perfectamente por qué personas que nacieron en épocas anteriores o con valores culturales diferentes imaginaron automáticamente que detrás del fenómeno del universo había algún tipo de diseño mágico. Y si hay diseño, hay propósito y significado.

Seguramente fueron sentimientos ineludibles como estos los que llevaron a los engrandecedores de los pueblos cazadores-recolectores a crear sus sociedades secretas para investigar este misterioso aspecto del cielo nocturno. Es en esas agrupaciones y en sus rituales donde asistimos a los inicios de la religión. Y es en los mitos de la creación que surgieron durante los siglos previos a la escritura donde vemos las primeras tentativas de lo que acabaría siendo la filosofía, la astrología y la ciencia.

Y, con estos pensamientos, aquel extraordinario momento en Chile no solo me inculcó un profundo sentimiento de conexión con el cosmos, sino que también generó en mí una profunda empatía. Porque sé que mientras haya humanos en este universo, esos humanos contemplarán el cielo nocturno y sentirán lo mismo que yo en ese momento. Lo mismo que sintieron nuestros antepasados.

Nuestra conexión con el cielo nocturno es ineludible, es instintiva, es lo que significa ser humano.

Notas

1. A. Marshack, *The Roots of Civilization: The Cognitive Beginning of Man's First Art, Symbol and Notation*, Nueva York, McGraw-Hill, 1972.
2. Traducción cortesía de Carl Sagan en *Cosmos*, 1980.
3. P. A. Mellars, K. Boyle, O. Bar-Yosef y C. Stringer (ed.), *Rethinking the Human Revolution: new behavioural and biological perspectives on the origin and dispersal of modern humans*, Cambridge, McDonald Institute for Archaeological Research, 2007.
4. En *Sapiens*, su último superventas, Yuval Noah Harari se refiere a este acontecimiento como la revolución cognitiva.
5. El hueso de Ishango está expuesto al público en el Real Instituto Belga de Ciencias Naturales de Bruselas.
6. Jean de Heinzelin, «Ishango», en *Scientific American*, 1962, 206:6, pp. 105-116.
7. R. L. Currier, *Unbound: How Eight Technologies Made Us Human, Transformed Society, and Brought our World to the Brink*, Arcade, 2015.
8. www.newscientist.com/article/dn24090-how-many-uncontacted-tribes-are-left-in-the-world/
9. T. F. McIlwraith, *The Bella Coola Indians*, Vols. 1 & 2, University of Toronto Press, 1948.
10. B. Hayden y S. Villeneuve, «Astronomy in the Upper Paleolithic? », en *Cambridge Archaeological Journal*, 2011, 21(3), pp. 331-355. doi:10.1017/ S0959774311000400.
11. www.archeociel.com/index.html
12. Hayden y Villeneuve, «Astronomy in the Upper Paleolithic?».

13. J. McK Malville, et al., «Astronomy of Nabta Playa», en *African Sky*, 2007, Vol, 11, pp. 2-7.
14. F. Wendorf y R. Schild, «Late Neolithic megalithic structures at Nabta Playa (Sahara), southwestern Egypt», en Comparative Archaeology Web (26 de noviembre de 2000).
15. A. Chadburn, «Stonehenge World Heritage Site, United Kingdom», en *ICOMOS–IAU Thematic Study on Astronomical Heritage*, pp. 36-40.
16. G. Hawkins, «Stonehenge Decoded», en *Nature*, 1963, 200, pp. 306-308.
17. G. Hawkins, *Stonehenge Decoded* [*Más allá de Stonehenge*], Doubleday, 1965.
18. J. Hawkes, «God in the Machine», en *Antiquity*, 1967, Vol. 11 (163), pp. 174-180.
19. M. Parker Pearson, «Researching Stonehenge: Theories Past and Present», en *Archaeology International*, 2013, Vol. 16, pp. 72–83.
20. www.ancient-origins.net/artifacts-ancient-writings/kesh-temple-hymn-5600-year-old-sumerian-hymn-praises-enlil-ruler-gods-021152
21. www.nature.com/articles/35042510
22. Incluso hoy en día la balanza de Maat sigue siendo el símbolo de la justicia, habitualmente representado en manos de una mujer.
23. A. Norenzayan, *Big Gods: How Religion Transformed Cooperation and Conflict*, Princeton University Press, 2013.
24. V. Gordon Childe, *Man Makes Himself*, Watts, 1936.
25. https://arxiv.org/pdf/1307.8397.pdf
26. A. Curry, «Göbekli Tepe: The World's First Temple?», en *Smithsonian Magazine*, noviembre de 2008.
27. J. Bocquet-Appel, «When the World's Population Took Off: The Springboard of the Neolithic Demographic Transition», en *Science*, Vol. 333, 29 de julio de 2011, www.sciencemag.org
28. Lockyer, N., *The Dawn of Astronomy*, Cassell and Company, 1894.
29. J. B. Holberg, *Sirius: Brightest Diamond in the Night Sky*, Springer Praxis Books, 2007.
30. www.archaeology.org/issues/99-1307/artifact/935-egypt-limestone-sundial-valley-kings
31. W. Dodd, «Exploring the Astronomy of Ancient Egypt with Simulations II: Sirius and the Decans», en *Journal of the Royal Astronomical Society of Canada*, Vol. 99, nº. 2, p. 65.
32. O. Neugebauer, «The Egyptian "decans"», en *Vistas in Astronomy*, Vol. 1, 1955, pp. 47-51.

33. A. Berio, «The Celestial River: Identifying the Ancient Egyptian Constellations», *Sino-Platonic Papers*, No. 253, diciembre de 2014.
34. J. Z. Buchwald, «Egyptian Stars under Paris Skies», en *Engineering and Science*, n.º 4, 2003, p. 20.
35. M. W. Ovenden, «The origin of the constellations», en *Philosophical Journal*, 3 (1), 1966, pp. 1-18.
36. M. Blomberg, y G. Henriksson, «Evidence for the Minoan origins of stellar navigation in the Aegean», en *Actes de la Vème conférence de la SEAC, Gdańsk de la SEAC*, Gdańsk, 5-8 septiembre de 1997. Swiatowit supplement series H: Anthropology II, A. Le Beuf y M. Ziólkowski (eds.), 1999, pp. 69-81.
37. B. E. Schaefer, «The latitude and epoch for the formation of the southern Greek constellations», en *Journal for the History of Astronomy* (ISSN 0021-8286), Vol. 33, Parte 4, n.º 113, pp. 313-350, 2002.
38. La introducción de la observación científica en nuestra comprensión del mundo natural no fue aceptada de manera universal. En el siglo xvii, a filósofos naturales como Robert Hooke, que estaban empezando a investigar la presión atmosférica, se les tildó de completamente locos por querer «pesar el aire». Sin embargo, esta medición se convirtió en la base de la meteorología, la cual ha salvado innumerables vidas gracias a sus previsiones y alertas.
39. B. Van der Waerden, «Babylonian Astronomy. III. The Earliest Astronomical Computations», *Journal of Near Eastern Studies*, 1951, 10(1), pp. 20-34. http://www.jstor.org/stable/542419
40. John Steele, «Astronomy and culture in Late Babylonian Uruk», 2011 Proceedings IAU Symposium n.º 278, 2011, «Oxford IX» International Symposium on Archaeoastronomy, Clive Ruggles (ed.).
41. Michael Gagarin en *The Oxford Encyclopedia of Ancient Greece and Rome*, Vol. 7, p. 64.
42. Aunque hoy en día seguimos estando de acuerdo con este principio básico, existen diferentes opiniones sobre la naturaleza de esta materia fundamental. Los aceleradores de partículas de hoy en día nos han mostrado que partículas elementales como los quarks y los electrones van unidos y son comparables a ladrillos subatómicos para formar los átomos de los que está hecha toda materia.
43. Markham J. Geller, *Melothesia in Babylonia: medicine, magic, and astrology in the ancient near east*, Boston, De Gruyter, 2014.
44. http://blog.wellcomelibrary.org/2014/01/the-enigma-of-the-medieval-almanac/
45. Bernard Capp, *Astrology and the Popular Press: English Almanacs* 1500-1800, Londres, Faber and Faber, 2008.

46. John W. Livingston, «Ibn Qayyim al-Jawziyyah: A Fourteenth Century Defense against Astrological Divination and Alchemical Transmutation», *Journal of the American Oriental Society*, Vol. 91, n.º 1 (enero-marzo 1971), pp. 96-103.
47. Pruébalo tú mismo si tienes a tu disposición un piano o un teclado. Las notas en la escala planetaria de Nicómaco son re, do, si bemol, la, sol, fa, mi.
48. Los astrónomos modernos creen que una sustancia llamada materia oscura impregna todo el universo. Es un tipo de materia invisible, totalmente diferente de los átomos normales que forman las estrellas, los planetas, que nos forman a ti a mí. Por ello, no se puede ver con un telescopio normal. Su hipótesis consiste en que la gravedad de la materia oscura permite mantener unidas las agrupaciones de estrellas más grandes, llamadas galaxias. Existen docenas —posiblemente cientos— de propuestas sobre la naturaleza de estas partículas invisibles. Se han invertido miles de millones de libras en equipos de alta sensibilidad para intentar detectarlas o incluso fabricarlas. Y, aun así, tras décadas de intentos, nadie ha podido encontrar siquiera una única, una solitaria partícula de ella. Estas fallidas tentativas, sin embargo, no han mermado la fe en la idea. La mayoría de los astrónomos y físicos de partículas siguen creyendo que la materia oscura existe de una u otra forma. En mi opinión, en nuestra moderna evaluación de las diferentes materias oscuras está teniendo lugar el mismo proceso que en los antiguos debates filosóficos sobre la armonía celestial. Tanto los científicos modernos como los filósofos de la antigüedad se han limitado a extrapolar sus conocimientos con la esperanza de dar, por casualidad, con la idea correcta.
49. Otros pensaban que no hay en todo ello nada religioso y que ese movimiento era una consecuencia natural de la materia. Aristóteles, por ejemplo, propuso que el movimiento circular era natural en cualquier cosa hecha de éter. Por el contrario, afirmó que el movimiento en línea recta era el más natural para todo aquello hecho de tierra y agua, lo que explicaba perfectamente por qué las cosas se caían de las mesas directamente al suelo mientras que la Luna y otros objetos celestes seguían órbitas.
50. Alessandro Bausani, «Cosmology and Religion in Islam», *Scientia/Rivista di Scienza*, 1973, Vol. 108 (67), p. 762.
51. Si bien el calendario gregoriano no es un sistema perfecto, representa una gran mejora. Habrá de esperar hasta el sexto milenio para que sufra un desfase de un día entero respecto al equinoccio.

52. Owen Gingerich, *The Book Nobody Read,* Walker & Company, 2004.
53. Donald V. Etz, «Conjunctions of Jupiter and Saturn», *Journal of the Royal Astronomical Society of Canada*, 94, pp. 174-178, 2000, agosto/octubre.
54. Margaret Aston, «The Fiery Trigon Conjunction: An Elizabethan Astrological Prediction», 1 *Isis*, Vol. 61, n.º 2 (verano de 1970), pp. 158-187, The University of Chicago Press en nombre de The History of Science Society.
55. Las pirámides de Egipto no son completamente firmes porque sus bases son cuadrados en lugar de triángulos equiláteros.
56. www2.hao.ucar.edu/Education/FamousSolarPhysicists/tycho-brahes-observations-instruments
57. Desde entonces, los astrónomos modernos han encontrado y estudiado restos de estas dos estrellas en explosión. Una curiosidad astronómica es que se calcula que en nuestra galaxia debería poder verse al menos una supernova por siglo. Sin embargo, desde la de Kepler no se ha visto ninguna más. Se cree que se trata de una casualidad estadística más que de un cambio significativo en el comportamiento de las estrellas en nuestra galaxia.
58. Para ser rigurosos, es esencial mencionar que el astrónomo británico Thomas Harriot dibujó la Luna a través de un telescopio el 26 de julio de 1609. Por lo tanto, su trabajo se adelantó al de Galileo en unos pocos meses.
59. E. A. Whitaker, «Galileo's Lunar Observations and the Dating of the Composition of Sidereus Nuncius», *Journal for the History of Astronomy*, Vol. 9, p. 155.
60. Peter Harrison, *The Fall of Man and the Foundations of Science* Cambridge University Press, 2009.
61. *Instauración* es una palabra arcaica que significa restauración después de un período de abandono o decadencia.
62. Perdón.
63 Allan Chapman, «Edmond Halley's Use of Historical Evidence in the Advancement of Science», 1994, *Notes and Records of the Royal Society of London*, Vol. 48, n.º 2, pp. 167-191.
64. El propio Newton rechazó la idea de la Trinidad, pero fue lo suficientemente sensato como para mantenerlo en privado.
65. U. B. Marvin, «The meteorite of Ensisheim – 1492 to 1992», *Meteoritics* (ISSN 0026-1114), Vol. 27, marzo de 1992, pp. 28-72.
66. Hitoshi Yamaoka, «The quinquennial grand shrine festival with the Nogata meteorite», *Highlights of Astronomy*, Vol. 16, XXVIIIth

IAU General Assembly, agosto de 2012 (c) International Astronomical Union 2015 T. Montmerle (ed.) https://www.cambridge.org/core/services/ aop-cambridge-core/content/view/S1743921314005225

67. No todas las estrellas fugaces resultan en un meteorito que alcanza la superficie de la tierra; de hecho, el fenómeno de las estrellas fugaces lo causan generalmente partículas no más grandes que un grano de arena que se queman en la atmósfera. Sin embargo, cuando el objeto es más grande, la brillante estela puede ser mucho más poderosa. Puede llegar a verse de día y generar explosiones sónicas dado que viaja más rápido que el sonido.
68. John G. Burke, *Cosmic Debris: Meteorites in History*, Berkeley y Los Ángeles, University of California Press, 1986).
69. N. V. Vasiliev, A. F. Kovalevsky, S. A. Razin y L. E. Epiktetova, testimonios en primera persona de Tunguska (impacto), 1981.
70. Richard Jenkins, «Disenchantment, Enchantment and Re-Enchantment: Max Weber at the Millennium», *Max Weber Studies*, Vol. 1, n.º 1, noviembre de 2000, pp. 11-32.
71. Prefacio de *Philosophiæ Naturalis Principia Mathematica.*
72. www.ebyte.it/logcabin/belletryen/IsaacNewton_OdeByHalley.html
73. Joseph Addison, *The Spectator*, n.º 420, 2 de julio de 1712.
74. He aquí un interesante eco del pensamiento pitagórico. Ya en el siglo VI, Pitágoras definió sus conceptos de lo limitado y lo ilimitado y creía que la música de las esferas podía unir a los dos.
75. J. V. Golinski, «Sublime Astronomy: The Eidouranion of Adam Walker and His Sons», *Huntington Library Quarterly*, 80:1 (2017), pp. 135–157.
76. El término *popularización* fue acuñado en la Francia del siglo XIX. Bernadette Bensaude-Vincent, Liz Libbrecht, «A public for science. The rapid growth of popularization in nineteenth century France», in Réseaux: *The French journal of communication*, Vol. 3, n.º 1, 1995, pp. 75-92.
77. Anna Henchman, *The Starry Sky Within: Astronomy and the Reach of the Mind in Victorian Literature*, Oxford University Press, 2014.
78. www.vangoghletters.org/vg/letters/let691/letter.htmltranslation
79. https://theconversation.com/flying-chariots-and-exotic-birds-how-17th-century-dreamers-planned-to-reach-the-moon-84850
80. www.translate.google.co.uk
81. Por supuesto, ahora sabemos que la Luna es tan pequeña que su gravedad es demasiado débil como para generar atmósfera alguna.
82. www.popularmechanics.com/space/moon-mars/a28485/russian-rocket-genius-konstantin-tsiolkovsky/

83. Informe final, 1952 Summer Study Group, 10 de febrero de 1953 (2 Vols.), LLAB.
84. Paul Dickson, *A Dictionary of the Space Age*, The Johns Hopkins University Press, 2009.
85. El Sputnik 1 ardió al regresar a la atmósfera terrestre el 4 de enero de 1958 tras haber dado 1.440 vueltas en órbita a la tierra.
86. Roger D. Launius, «It All Started with Sputnik: An eminent space historian looks back on the first 50 years of space exploration», *Air & Space Magazine*, julio de 2007.
87. Ciento un años más tarde, la Society for Psychical Research publicó una evaluación de su informe original y concluyó que su condena a Blavatsky fue precipitada. En su sitio web, la SPR afirma que «hoy, la SPR continúa promoviendo y apoyando las principales áreas de investigación psíquica, realizando investigación de campo, encuestas y trabajo experimental. Su visión sobre el verdadero origen y significado de psi —como se denominan ahora colectivamente los fenómenos telepáticos y otros fenómenos psíquicos— no es corporativa y con frecuencia sus miembros debaten con vehemencia sobre determinados temas. Sin embargo, es justo decir que, desde el inicio, sus miembros —y la comunidad de investigación psi en general— han estado de acuerdo en que psi es real y que, si bien los fenómenos deben explicarse en términos científicos, actualmente no existe la ciencia que permita hacerlo en su caso.»
88. Nicholas Campion, *A History of Western Astrology Volume II, The Medieval and Modern Worlds,* Continuum, 2009.
89. Carl Jung, *Letters* [Cartas de C. G. Jung], Vol. II, pp. 463-464.
90. www.theatlantic.com/technology/archive/2011/04/yuri-gagarins-first-speech-about-his-flight-into-space/237134/
91. www.newscientist.com/article/mg21028075-600-yuri-gagarin-108-minutes-in-space/
92. Memoria «Recommendations for our National Space Program: Changes, Policies, Goals», de James E. Webb y Robert McNamara al vice presidente Lyndon B. Johnson, 8 de mayo de 1961.
93. El presupuesto de la NASA desde finales de los setenta ha sido menos del 1 % del presupuesto federal.
94. Roger D. Launius, «Public opinion polls and perceptions of US human spaceflight», *Space Policy* 19 (2003)», pp. 163-175.
95. Matthew D. Tribbe, *No Requiem for the Space Age* (OUP, 2014)
96. *Star Trek* acabó alcanzando un enorme éxito, pero solo tras una década de reposiciones durante la que la sociedad pudo olvidar lo que

habían costado los alunizajes y acabó recordando solo el gran logro que representaron.
97. www.hollywoodreporter.com/news/neil-armstrongs-moonwalk-killed-box-office-1969-1149903
98. Tribbe, pp. 8-9.
99. Shklovsky y Sagan, *Intelligent Life in the Universe* [Vida Inteligente en el Universo], Holden-Day Inc., 1966.
100. https://web.archive.org/web/20080923012425/http://history.nasa.gov/ap08fj/03day1_green_sep.htm
101. Número de referencia de la NASA AS08-16-2593.
102. www.space.com/42848-earthrise-photo-apollo-8-legacy-bill-anders.html
103. Entrevista a Frank Borman, Boffin Media, comunicación privada.
104. http://cecelia.physics.indiana.edu/life/moon/Apollo8/122568sci-nasa-ma-cleish.html
105. www.space.com/42848-earthrise-photo-apollo-8-legacy-bill-anders.html
106. Número de catálogo: AS17-148-22727.
107. www.theatlantic.com/technology/archive/2011/04/the-blue-marble-shot-our-first-complete-photograph-of-earth/237167/
108. www.theatlantic.com/technology/archive/2011/04/the-blue-marble-shot-our-first-complete-photograph-of-earth/237167/
109. Transcripción de entrevista no publicada por Richard Hollingham, Boffin media, para *Message from the Moon*, Radio 3 (https://www.bbc.co.uk/programmes/m0001psz). Transcripción obtenida mediante comunicación privada.
110. «John Glenn: First American to Orbit the Earth», *American History*, octubre de 1997.
111. www.theatlantic.com/technology/archive/2016/02/edgar-mitchell/461913/
112. https://www.theatlantic.com/technology/archive/2016/02/edgar-mitchell/461913/
113. Michael Collins, *Carrying the Fire*, Farrar, Straus and Giroux, 2019.
114. Eva C. Ihle, Jennifer B. Ritsher, Nick Kanas, «Positive Psychological Outcomes of Spaceflight: An Empirical Study», *Aviation, Space, and Environmental Medicine*, Vol. 77, n.º 2, febrero de 2006, pp. 93-101(9), Aerospace Medical Association.
115. Summer Allen, *The Science of Awe*, September 2018, informe oficial preparado por la John Templeton Foundation para el Greater Good Science Center de UC Berkeley.

116. www.esa.int/Applications/Navigation/ESA_sets_clock_by_distant_spinning_stars
117 www.telegraph.co.uk/travel/comment/astrotourism-new-sustainable-travel-trend/
118. Fred HOYLE, *The Observer*, 9 de septiembre de 1979, «Sayings of the Week».

Índice analítico